世界建筑旅行地图
TRAVEL ATLAS OF WORLD
ARCHITECTURE

UNITED KINGDOM

英国

刘伦　陈茜　编著

中国建筑工业出版社

图书在版编目（CIP）数据

英国／刘伦，陈茜编著.—北京：中国建筑工业出版社，2018.10
（世界建筑旅行地图）
ISBN 978-7-112-22155-4

Ⅰ．①英… Ⅱ．①刘…②陈… Ⅲ．①建筑艺术－介绍－英国
Ⅳ．① TU-865.61

中国版本图书馆 CIP 数据核字（2018）第 089525 号

总体策划：刘 丹
责任编辑：刘 丹
书籍设计：晓笛设计工作室　刘清霞　张悟静
责任校对：王 烨

世界建筑旅行地图

英国

刘伦　陈茜　编著

出版发行：中国建筑工业出版社（北京海淀三里河路 9 号）
经销：各地新华书店、建筑书店

制版：北京新思维艺林设计中心
印刷：北京富诚彩色印刷有限公司
开本：850×1168 毫米　1/32
印张：11⅛
字数：824 千字
版次：2019 年 3 月第一版
印次：2019 年 3 月第一次印刷

书号：ISBN 978-7-112-22155-4（32044）
定价：88.00 元

目录 Contents

特别注意　Special Attention

本书登载了一定数量的个人住宅与集合住宅。在参观建筑时请尊重他人隐私、保持安静，不要影响居住者的生活，更不要在未经允许的情况下进入住宅领域。

谢谢合作！

本书登载的地图信息均以 Mapbox 地图为基础制作完成。

前言　Preface

　　行走在这个国家，常惊叹于它的古老、恢宏、苍远，和转眼间的现代、时尚、变化。伦敦，泰晤士河上的塔桥依旧延续着百年来对这座城市注视的目光，海德公园内的蛇形画廊却年年都更换着新的面孔；爱丁堡老城古堡雄踞、王宫屹立，格拉斯哥进行着从后工业荒地到文化和体育之城的转变。这里的历史、现实、未来交汇得如此融洽。

　　英国的建筑在世界建筑史上占有举足轻重的地位。从地理角度，英国隶属欧陆板块，但又与主体欧洲板块隔着英吉利海峡。英国作为建筑历史的一个发展支脉，深受欧洲主体板块的影响，但又不完全相同。从巨石阵这一史前神秘遗迹开始，英伦建筑注定不平凡。

　　从历史时期与建筑风格来说，诺曼罗马风格的达勒姆大教堂、哥特风格的剑桥大学国王学院礼拜堂、都铎风格的汉普顿宫，到文艺复兴时期的圣保罗大教堂、艺术与工艺运动时期的红屋，再到现代主义的皇家音乐厅、粗野主义的皇家国家剧院，都保留了某一历史时期的建筑艺术与文化特点。

　　从社会生产力的发展来说，随着工业革命的到来，英国人将理性的工业技术引入社会生活的方方面面，钢、铁、玻璃等工业革命的物质成果直接影响到建筑创作，厂房需求量的激增以及新型生产技术的要求使得工业技术美逐渐成为英国建筑美学中的稳定要素，这催化了高技派的产生，并以诺曼·福斯特、理查德·罗杰斯、尼古拉斯·格雷姆肖、迈克尔·霍普金斯等建筑师的作品为代表。而后整体的社会形态趋于稳定，20世纪后期，以伦敦建筑联盟学院（AA）为代表的学校成为建筑创作的肥沃土壤，这也成就了如今多位建筑大师，如雷姆·库哈斯、丹尼尔·里伯斯金、扎哈·哈迪德等人，积极探索一种新的现代化。

　　从城市发展来说，英国的快速城市化时期伴随着工业革命，大量工业新兴市镇产生，一些逐渐形成如利物浦、格拉斯哥等大城市，另一些工业小镇的工厂群、工人居住社区等被完整地保留下来，成为世界文化遗产，如德文特河谷工厂群（Derwent Valley Mills）。而后经逆城市化、再城市化等阶段，直到当下城市复兴，其表征意义已不仅是城市物质环境层面的改进，而有更广泛的社会与经济复兴意义。为恢复区域地标效应，废弃了33年的巴特西发电站区域的更新集合了盖里、福斯特、BIG等一众先锋设计师在此进行设计。泰特现代美术馆也是由城市工业建筑改造而来，这一开发计划使原先的发电厂成为艺术胜地，吸引众多艺术家及游客慕名而来。

　　由于优秀作品甚多，本书在进行内容选取时慎重考虑了建筑年代覆盖广、建筑类别多样化、地理位置可达性等重要信息，并借鉴大量的权威建筑名录以及获奖名录进行筛选。其中，历史建筑选择的主要参考依据为世界文化遗产名录，英国一级保护建筑名录，近现代建筑以普利茨克奖、密斯·凡·德·罗奖、英国皇家建筑师协会（RIBA）金奖、国际建筑师协会（UIA）金奖、美国建筑师协会（AIA）金奖、阿尔瓦·阿尔托奖等的获奖建筑师作品，以及英国皇家建筑师协会其他单项奖的获奖作品为主。

　　建筑旅游从来都不是建筑师们的专属，无论专业人士还是其他对建筑感兴趣的人，我们只希望在此提供一个新的途径，去观察城市、建筑与人，体味历史沉淀，接纳瞬息万变。

本书的使用方法　Users' Guide

注：使用本书前请仔细阅读。

❶ 区域地图

❷ 该郡所在位置

❸ 郡名

❹ 特别推荐

❺ 入选建筑及建筑师

❻ 郡地图

显示入选建筑在该郡的位置，所有地图方向均为上北下南。

❼ 建筑编号

各个地区从01开始排建筑序号。

❽ 项目周边区域地图

本书收录的每个建筑都有对应的项目周边区域地图，*在参观建筑前，请参照小地图比例尺所示的距离选择恰当的交通方式。对于离车站较远的建筑，请参照项目网站提供的交通方式到达，或查询相关网络信息。*

❾ 车站名称

❿ 铁路、地铁标志

请配合当地铁路、地铁交通路线图使用本书，名称用英文表示。

⓫ 笔记区域

⓬ 建筑名称

一般为离建筑最近的车站名称，名称用英文表示。请根据网络信息及离选择理想的交通方式。

⓭ 比例尺

根据建筑位置不同，项目周边地图可能导用不同比例尺，使用时请参照比例距离来确定交通方式。

⓮ 建筑名称及编号

⓯ 推荐标志

⓰ 建筑名称（英文）

⓱ 建筑师（历史建筑因几经更选，大多不标注建筑师名称）

⓲ 所在地址（英文，英格兰地区邮划分详图，一般输入邮编）

⓳ 建筑所属类型

⓴ 年代

㉑ 建筑实景照片

㉒ 建筑名称

㉓ 建筑简介

参观建筑之前，请参照备注信息来确认休馆日、开放时间、是否需要预约等。团体参观一般需要提前预约。

❶ 区域地图　　❷ 该郡所在位置　　❸ 郡名　　❹ 特别推荐　　❺ 入选建筑及建筑

22
赫特福德郡
Hertfordshire

建筑数量 - 01

01 皇家兽医学院学生宿舍 ✿
Hawkins \ Brown

❼ 建筑编号　　❽ 郡地图

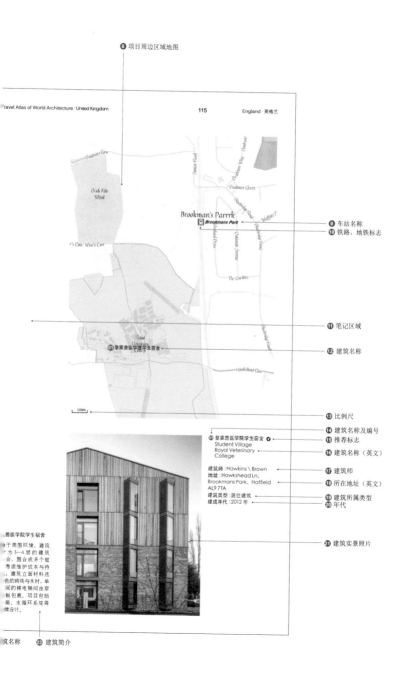

❽ 项目周边区域地图

Brookman's Parrrk
🚉 Brookmans Park

❾ 车站名称
❿ 铁路、地铁标志

❶❶ 笔记区域

⓪1 皇家兽医学院学生宿舍

❶❷ 建筑名称

100m

❶❸ 比例尺

⓪1 皇家兽医学院学生宿舍 ◉
Student Village
Royal Veterinary
College

❶❹ 建筑名称及编号
❶❺ 推荐标志
❶❻ 建筑名称（英文）

建筑师 : Hawkins \ Brown
地址 : Hawkshead Ln,
Brookmans Park, Hatfield
AL9 7TA

❶❼ 建筑师
❶❽ 所在地址（英文）

建筑类型 : 居住建筑
建成年代 : 2012年

❶❾ 建筑所属类型
❷⓪ 年代

❷❶ 建筑实景照片

兽医学院学生宿舍
于周围环境，建筑
为3~4层的建筑
合，围合成多个庭
考虑维护成本与持
，建筑立面材料选
色的砖块与木材，单
间的疏电梯间由穿
板包裹，项目包括
能、水循环系统等
绿色设计。

筑名称

❷❸ 建筑简介

所选各郡的位置及编号 Location & Sequence in Map

高地 ㊱
阿伯丁市 ㊲
邓迪市 ㊳
法夫 ㊴
格拉斯哥市 ㊵
东伦弗鲁郡 ㊶
爱丁堡市 ㊷
堤道海岸和峡谷 ㊸
德里和斯特拉班 ㊹
弗马纳和奥马 ㊺
贝尔法斯特 ㊻
安格尔西岛 ㊼
格温内斯 ㊽
康威 ㊾
雷克塞姆 ㊿
锡尔迪金 (51)
斯旺西市 (52)
托法恩 (53)
卡迪夫市 (54)
纽波特市 (55)

N
⊕

图例
✈ 国际机场
⓪ 郡编号
— 国界
— 区域范围线
— 郡界

- ① 泰恩-威尔
- ② 达勒姆
- ③ 北约克郡
- ④ 兰开夏
- ⑤ 西约克郡
- ⑥ 东约克郡
- ⑦ 默西赛德
- ⑧ 大曼彻斯特
- ⑨ 南约克郡
- ⑩ 德比郡
- ⑪ 诺丁汉郡
- ⑫ 施洛普
- ⑬ 莱斯特郡
- ⑭ 西米德兰兹
- ⑮ 沃里克郡
- ⑯ 诺福克
- ⑰ 剑桥郡
- ⑱ 贝德福德郡
- ⑲ 萨福克郡
- ⑳ 牛津郡
- ㉑ 白金汉郡
- ㉒ 赫特福德郡
- ㉓ 埃塞克斯
- ㉔ 大伦敦
- ㉕ 威尔特郡
- ㉖ 伯克郡
- ㉗ 萨默塞特
- ㉘ 汉普郡
- ㉙ 萨里
- ㉚ 肯特
- ㉛ 德文
- ㉜ 康沃尔
- ㉝ 多塞特
- ㉞ 西萨塞克斯
- ㉟ 东萨塞克斯

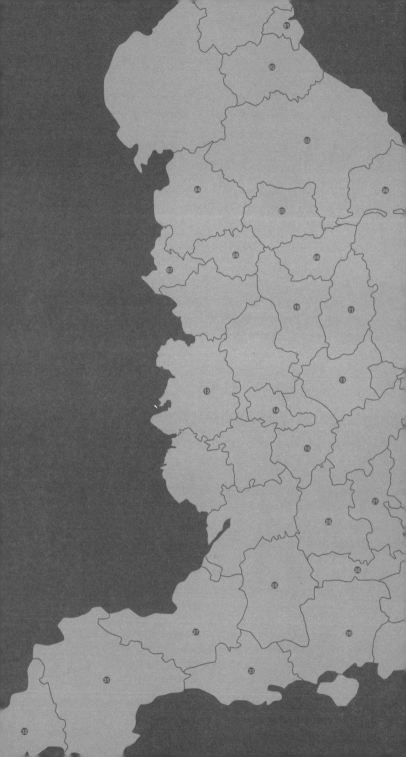

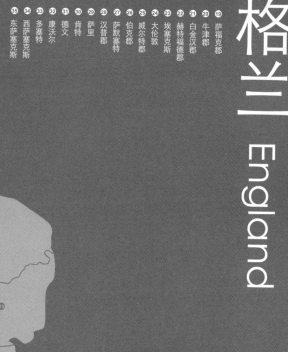

英格兰 England

Wideopen
Whitle
Sout
Newcastle upon Tyne
03
02
01
Whickham
West Bol
irtley
Hetton-le

01

泰恩－威尔
Tyne and Wear

建筑数量：03

Seab

derlo

Note Zone

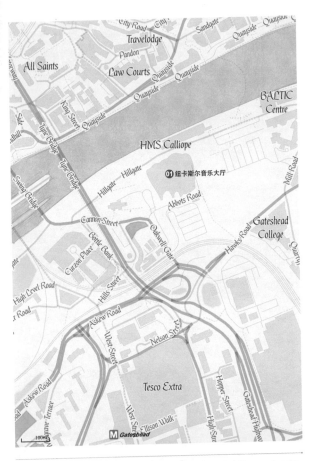

⑪ 纽卡斯尔音乐大厅
The Sage Gateshead

建筑师：诺曼·福斯特事务所
/ Foster & Partners
地址：St. Mary's Sq,
Gateshead Quays,
Gateshead NE8 2JR
建筑类型：文化建筑
建成年代：2004 年
开放时间：每天 9:00am 起

纽卡斯尔音乐大厅

该建筑是盖茨黑德码头
区开发的重要部分，圆
弧的外形与千禧桥相呼
应。整体结构下是三个
独立的建筑空间，以防
止噪声和振动的互相影
响。这座音乐厅有时也
被作为会议中心。

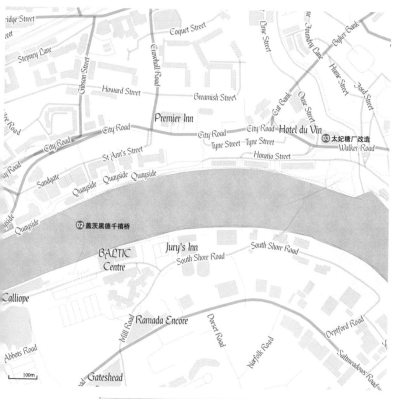

100m

盖茨黑德千禧桥

该桥为弧形倾斜状的城市步行桥，供行人步行或骑行通过，独特的外形引人注目。桥面由几组钢索固定，可以通过两端的压力扬吸机进行旋转，主桥可最多向上拉起 50 米。这种创新的开闭设计得以让船只从下面通航，是世界上第一座摆式大桥。

太妃糖厂改造

该建筑是一个老工厂改造项目。改造设计保留了大烟囱等老建筑的主体结构，室内重新划分面积以满足现代功能的使用需要，为一系列数字产业和创意活动提供高品质的办公服务空间。立面上新加的彩色与老材料产生对比，提升了整体活力。

⑫ 盖茨黑德千禧桥 ◍
Gateshead Millennium Bridge

建筑师 : Wilkinson Eyre Architects
地址 : S Shore Rd, Gateshead NE8 3AE
建筑类型 : 其他 / 桥梁建筑
建成年代 : 2001 年

⑬ 太妃糖厂改造
Toffee Factory

建筑师 : Xsite Architecture
地址 : Walker Rd, Newcastle upon Tyne NE1 2DF
建筑类型 : 办公建筑
建成年代 : 2011 年

02

达勒姆
Durham

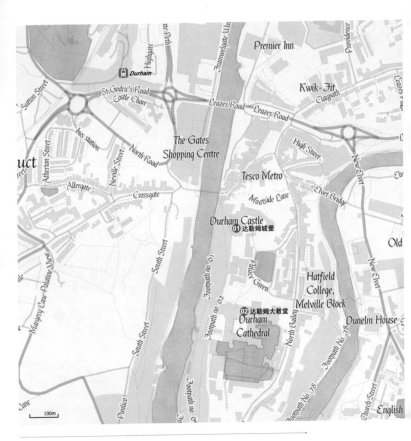

01 达勒姆城堡
Durham Castle

地址：Durham DH1 3RW
建筑类型：历史建筑
建成年代：始建于 1072 年

02 达勒姆大教堂
Durham Cathedral

地址：The College, Durham DH1 3EH
建筑类型：宗教建筑
建成年代：始建于 1093 年

达勒姆城堡

达勒姆城堡位于威尔河湾陡峭的石坡顶的北面，同为世界文化遗产的达勒姆大教堂位于南面。后虽经多次修建，仍保留了强烈的诺曼式风格。城堡曾是达勒姆王室大主教的住所。

达勒姆大教堂

大教堂与其北侧的城堡同属一条世界文化遗产名录。它被认为是英国最大、最杰出的诺曼式建筑遗产。教堂在建设过程中首次采用了在英格兰独创的十字横肋穹顶技术，以克服罗马风格中笨拙的筒形穹顶结构。其拱顶的大胆革新已预示着哥特式建筑的诞生。

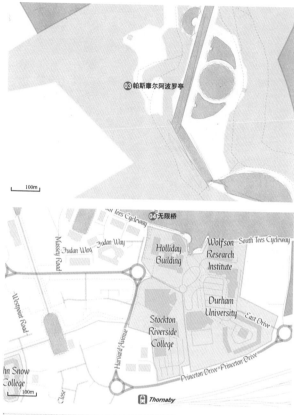

03 帕斯摩尔阿波罗亭

100m

South Tees Cycleway

04 无限桥

Massey Road

Fudan Way

Fudan Way

Westpoint Road

Holliday Building

Wolfson Research Institute

South Tees Cycleway

Durham University

East Drive

Stockton Riverside College

Harvard Avenue

Close

John Snow College

Princeton Drive · Princeton Drive

100m

🚉 Thornaby

帕斯摩尔阿波罗亭

该建筑被作为新城中的抽象公共艺术品而建造，建筑采用现浇混凝土，呈现出强烈的雕塑感。亭子坐落在一个曲形池塘上，提供了一系列开放或半封闭的空间，供人们从不同角度享受公园的美景，同时建筑自身也成为公园中的景观。该建筑于2011年被列为英国二级保护建筑。

无限桥

该项目是英格兰东北部斯托克顿城市更新的标志性建筑。桥身总长240米，下部为预制混凝土桥板，上部为不对称但连续的两段钢拱，形成了"以石块打水漂激起水花"的意向。

03 帕斯摩尔阿波罗亭
Pasmore Apollo Pavilion

建筑师：Victor Pasmore + Burns Architects
地址：1le, 91 Oakerside Dr, Peterlee SR8 1LE
建筑类型：景观建筑
建成年代：1969年

04 无限桥
Infinity Bridge

建筑师：Spence Associate
地址：Crofton Rd, Stockton-On-Tees TS18 2NL
建筑类型：其他 / 桥梁建筑
建成年代：2009年

03
北约克郡
North Yorkshire

建筑数量:02

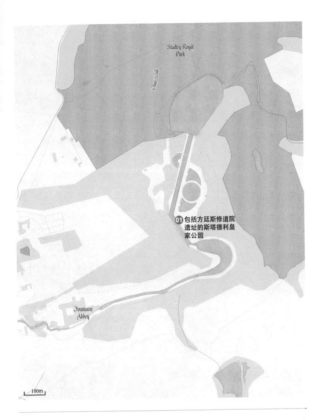

Studley Royal Park

01 包括方廷斯修道院
遗址的斯塔德利皇
家公园

Fountains Abbey

100m

01 包括方廷斯修道院遗址的
斯塔德利皇家公园
Studley Royal Park
including the Ruins of
Fountains Abbey

地址：Ripon HG4 3DY
建筑类型：历史建筑
建成年代：1132 年建成修道
院，19 世纪建成花园

**包括方廷斯修道院遗址的
斯塔德利皇家公园**

方廷斯修道院是英国保
存下来的最古老的西多
会古建筑之一，包括修
道院的皇家公园已被列
入世界文化遗产。皇家
公园是一座 18 世纪景观
花园，总面积 800 英亩，园
内在修道院周围还建有
一座詹姆士一世时期的
府邸和一座维多利亚风
格教堂。

⑩ 惠特比修道院游客中心
Whitby Abbey Visitor Centre

建筑师 : Stanton Williams Architects
地址 : Whitby Ln，Whitby YO22 4JT
建筑类型 : 文化建筑
建成年代 : 2002 年

游客中心功能包括展览馆和商店，选址在一个半损毁的 17 世纪宴会厅内。该设计在老建筑内布置钢框架新结构，新结构体系完全独立。新结构部分悬挑在毁坏的遗址上方，形成悬挂其前面的以金属、玻璃和木材构成的挡墙。

04
兰开夏
Lancashire

建筑数量：01

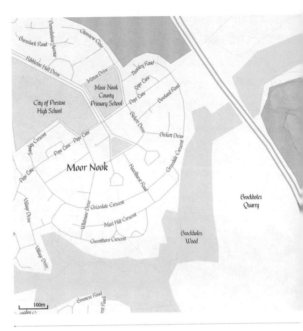

⑭ Brockholes 游客中心
Brockholes Visitor
Centre

建筑师 : Adam Khan
Architects
地址 : Preston New Rd,
Preston PR5 0AG
建筑类型 : 文化建筑
建成年代 : 2011 年
开放时间 : 10:00am–
4:00pm

项目由单体建筑群与开放的
空间形成村落般的聚落形
式，漂浮在巨大的浮筒基础
之上。这样的设计不仅预防
了洪水的侵害，而且为游客
提供了置身于岸边芦苇丛中
的独特体验。

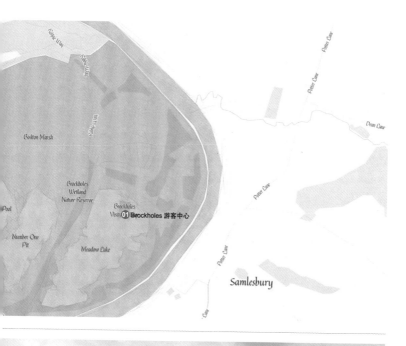

05
西约克郡
West Yorkshire

建筑数量：03

Keighley

Haworth

Denhol

Hebden Bridge

Todmorden

Ripponden

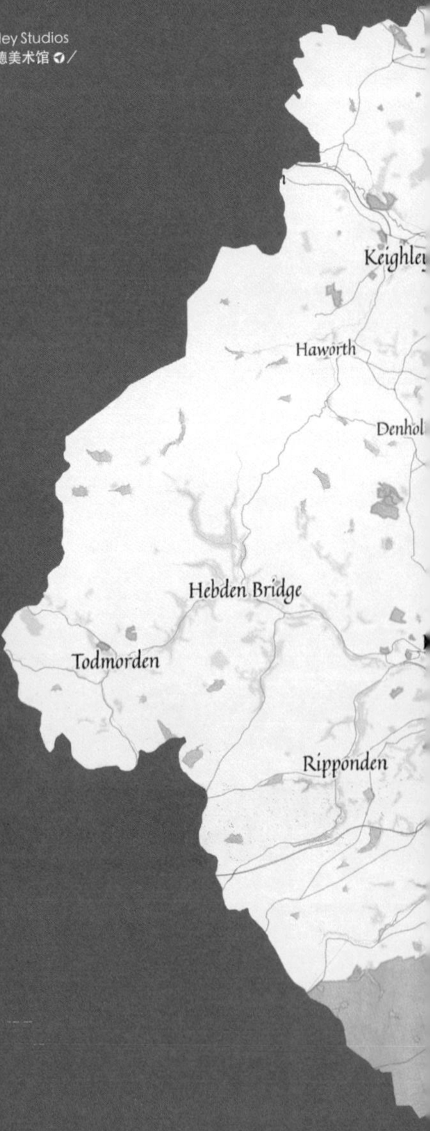

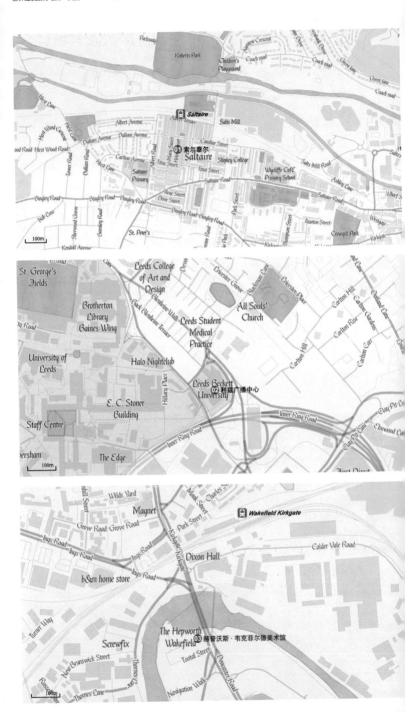

㉛ 索尔泰尔
Saltaire

地址 : Saltaire, Shipley, West Yorkshire
建筑类型 : 特色片区
建成年代 : 1853 年

索尔泰尔

索尔泰尔是保留完好的19 世纪下半叶的工业城镇。这里的纺织厂、公共建筑和工人住宅风格和谐统一，建筑质量高超。城镇布局至今完整地保留着其原始风貌。这样的板板城镇对英国工业社会福利制度和城市规划都有着深远影响。该地也被列入世界文化遗产名录。

㉜ 利兹广播中心
Leeds Broadcasting Place

建筑师 : Feilden Clegg Bradley Studios
地址 : Woodhouse Ln, Leeds LS2 9PD
建筑类型 : 教育建筑
建成年代 : 2009 年

利兹广播中心

该建筑位于利兹市中心位置，雕塑感的形体隐喻了约克郡丰富的自然地质景观。由于紧邻一座历史保护建筑，该建筑采用 3–5 层的低层体量与 23 层高层体量相结合的形态。建筑外立面采用耐候钢板，而窗户的形态则仿佛从山石流淌的瀑布。

㉝ 赫普沃斯 · 韦克菲尔德美术馆 ⊘
The Hepworth Wakefield

建筑师 : 大卫 · 奇普菲尔德／David Chipperfield
地址 : Gallery Walk, Wakefield WF1 5AW
建筑类型 : 文化建筑
建成年代 : 2011 年
开放时间 : 周一、周二闭馆，周三至周五 10:00am–5:00pm

赫普沃斯 · 韦克菲尔德美术馆

该美术馆由十个块体组成，用于展示雕刻家芭芭拉 · 赫普沃斯（Babara Hepworth）的作品。建筑外墙采用现浇自密实色混凝土，是英国首例。建筑的雕塑感形体在室内也可被感知，屋顶和墙面均以不同的角度相交，为每个展厅带来不同的氛围和体验。同时，屋顶天窗为展厅带来自然照明。

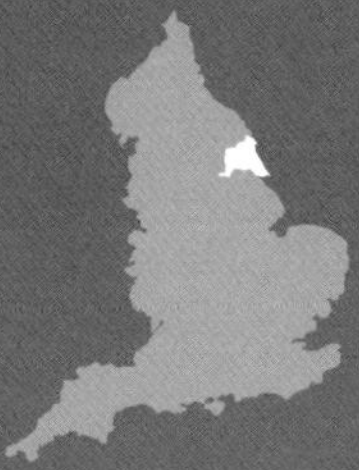

06

东约克郡
East Yorkshire

Flamborough

Bridling

Barrrmst

Skipsea

Atwick

Horns

Withernwick

Lelley

Hedon

Withe:

Ottringham

Skeffling

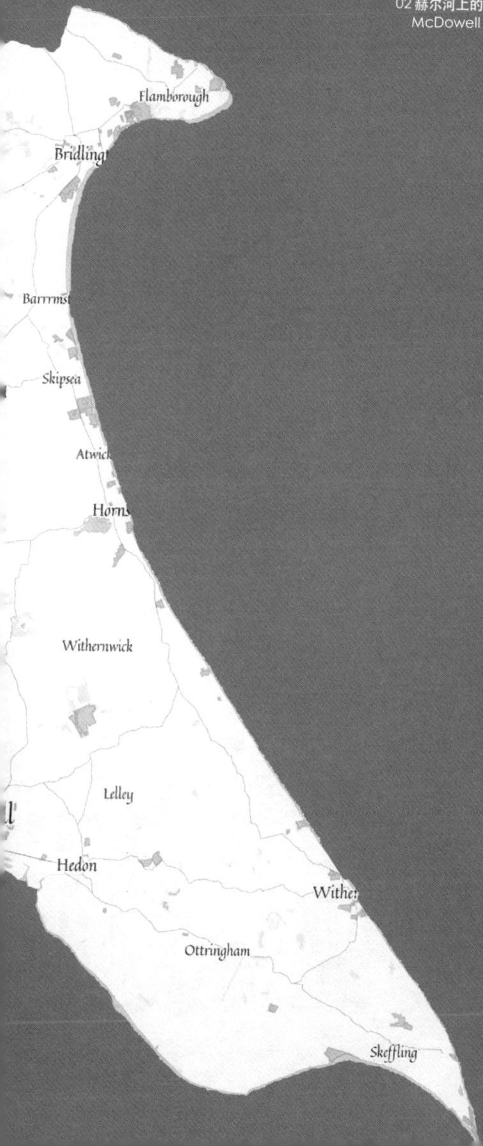

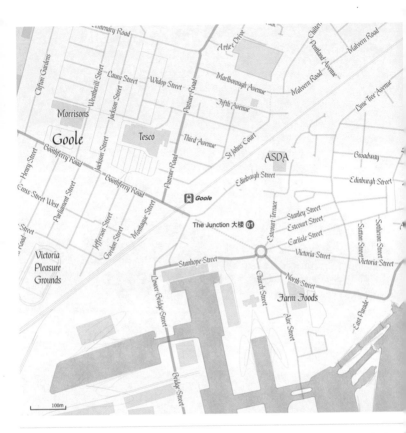

① The Junction 大楼
The Junction

建筑师：Henley Halebrown Rorrison
地址：Paradise Pl, Goole DN14 5DL
建筑类型：文化建筑
建成年代：2009 年

该建筑连接起 Goole 镇的历史性商业街与 1990 年代新建的商业区，混合了艺术、行政与商业功能。建筑内部包含一个小型艺术中心，一个170 个座位的礼堂和表演工作坊，以及 Goole 镇的办公室和会议室。

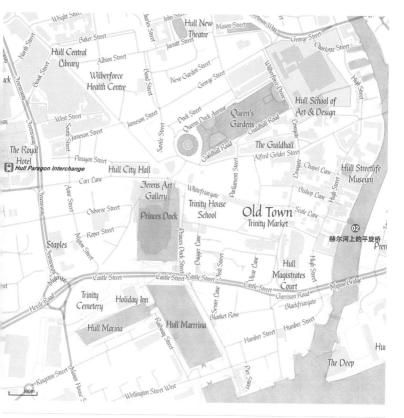

02 赫尔河上的平旋桥
Scale Lane Bridge

建筑师：McDowell &
Benedetti Architects
地址：Hull HU1 1QJ
建筑类型：其他 / 桥梁建筑
建成年代：2013 年

这座桥将赫尔旧城区和东岸
尚未开发的工业区连接起
来，为行人提供了绝无仅有
的行走体验。在有船只通过
时，桥可平旋打开，它的旋
转速度缓慢，使行人仍可留
在桥上。桥面中间一个逗号
形的结构划分出两条行人通
道，内部还设有一家餐厅。这
座桥因其黑色坚固的体量与
曲线形状，成为当地独特的
地标。

Southport
sdale-on-
Formby
Moss Side
Thornton
Rainford
Kirkby
Bootle
St
Prescot
Wallas
01-02
03
Liverpool
Huyton
Moreton
Halewood
New Ferry

□ㄱ

默西赛德
Merseyside

ton in Make

ur

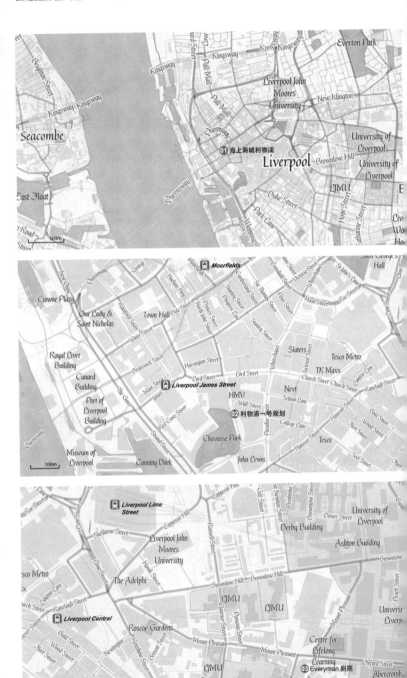

01 海上商城利物浦
Liverpool – Maritime
Mercantile City

地址：Liverpool,
Merseyside
建筑类型：特色片区
建成年代：18、19 世纪

利物浦位于英格兰西北部，是世界著名的沿海通商口岸，见证着 18 至 19 世纪世界主要贸易中心的发展历程。利物浦的建筑风格多样，涵盖了从 16 世纪的都铎风格到当代建筑。其历史中心内的 6 个区域和码头区被联合国教科文组织列为世界文化遗产，称为海上商城利物浦，以认可利物浦在世界贸易体系发展中的重要性。

02 利物浦一号规划
Liverpool One
Masterplan

建筑师：Building Design
Partnership (BDP)
地址：5 Wall St, Liverpool L1
8JQ
建筑类型：特色片区
建成年代：2008 年

利物浦一号是一处大型城市中心综合性开发项目，占地 42 英亩。以帮助利物浦重拾欧洲重要城市的地位为建设目标。BDP 充分考虑了片区内肌理的合理规划和街道与公共空间之间的关系，对新建及改造建筑的设计也考虑了当地传统建筑特色。

03 Everyman 剧院改造
Everyman Theatre

建筑师：Haworth Tompkins
地址：5-11 Hope St,
Liverpool L1 9BH
建筑类型：文化建筑
建成年代：2013 年

该建筑原建于 1964 年，后于 2011 年动工改造。建筑师希望新设计保持旧建筑与人的亲近感，并使功能更为多元。建筑的墙面及四个通风烟囱采用当地生产的红砖作为主要材料，使建筑融于周围建筑之中。剧院内部空间也采用旧建筑回收的砖作为建筑材料，整齐或错动，形成了丰富的空间体验。

口曰
大曼彻斯特
Greater Manchester

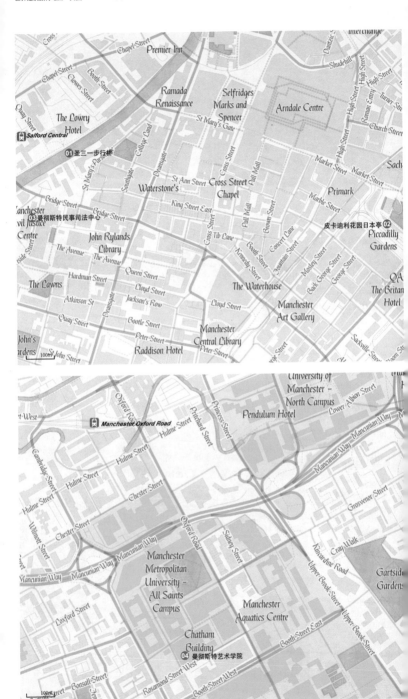

01 圣三一步行桥
Trinity Footbridge

建筑师：圣地亚哥·卡拉特拉瓦／
Santiago Calatrava
地址：Manchester M3 2LY
建筑类型：其他／桥梁建筑
建成年代：1995 年

圣三一步行桥

圣三一步行桥位于曼彻斯特市中心附近，横跨厄韦尔河，连接曼彻斯特和索尔福德两岸密集的建筑群。桥在索尔福德一侧分叉为两个弯曲坡道延伸向不同方向，直桥和弯曲坡道的组合呈现出不同的景观。

02 皮卡迪利花园日本亭
Japanese Pavilion in Piccadilly Gardens

建筑师：安藤忠雄／ Tadao Ando
地址：Piccadilly Gardens, Manchester M1 1RG
建筑类型：景观建筑
建成年代：2002 年

皮卡迪利花园日本亭

皮卡迪利花园是曼彻斯特公共交通系统的中心枢纽，同时也是市中心的开放空间。安藤忠雄在沿公园的西南侧设计了一面 130 米长的灰色混凝土墙，内部设有咖啡厅等公共休憩设施。但这一设计被一些人批评为像柏林墙一样压抑也分隔公共空间，对比，2013 年安藤曾提出在墙上种植绿色植被的改造方案，但新的规划已决定将这处凉亭推倒重建。

03 曼彻斯特民事司法中心
Manchester Civil Justice Centre

建筑师：Denton Corker Marshall
地址：2 Bridge St W, Manchester M60 9DJ
建筑类型：办公建筑
建成年代：2008 年

曼彻斯特民事司法中心

该项目是英国司法部在英格兰西北地区的总部，也是 19 世纪以来英国最大的司法建筑项目。大楼的东立面希望成为城市的标志，异于城市中的所有建筑物。建筑每一层的法庭和办公室均采用长立方体体量，尾端进退距离不同，以在立面上达到每层错动的独特形象。建筑师希望通过这一建筑形象，表达出法院亲民而非过于高冷的形象。

04 曼彻斯特艺术学院
Manchester School of Art

建筑师：Feilden Clegg Bradley Studios
地址：153 Oxford Rd, Manchester M15 6BG
建筑类型：教育建筑
建成年代：2013 年

曼彻斯特艺术学院

艺术学院的核心功能包括开放的工作室、工作和教学空间以及一处多层高的"垂直画廊"。垂直画廊为学院的学生作品提供了展示空间，并成为学院本身的橱窗。建筑室内主要采用混凝土构造。

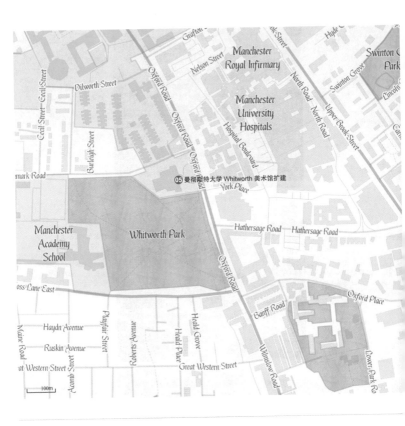

⑤ 曼彻斯特大学 Whitworth 美术馆扩建
The Whitworth, Manchester

建筑师：McInnes Usher McKnight Architects
地址：Oxford Rd, Manchester M15 6ER
建筑类型：文化建筑
建成年代：2015 年

扩建部分位于原 19 世纪美术馆背后，一部分采用玻璃与不锈钢，一部分采用红砖砌筑。砖砌部分的立面图案来自于一种传统的斜线纺织工艺。一条玻璃长廊连接了美术馆和一处面向 Whitworth 公园的咖啡厅，长廊也为景观和大尺度雕塑作品提供了展览空间。

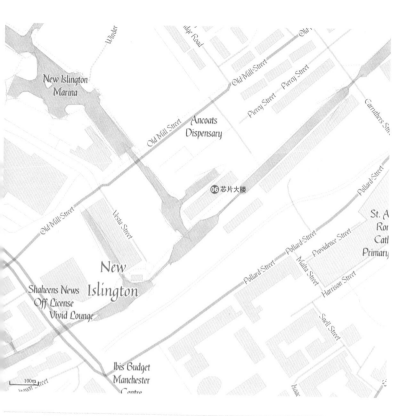

06 芯片大楼
Chips

建筑师 : Alsop Architects
地址 : 2 Lampwick Ln,
Manchester M4 6BU
建筑类型 : 居住建筑
建成年代 : 2009 年

建筑由 3 个高度相等的长条
体块堆积而成，是一栋八层
住宅公寓。建筑面向运河，具
有良好的景观。这座建筑外
表用复合墙面包裹，正面印
有与当地工业遗产相呼应的
文字。

⑰ 帝国战争博物馆 ⊘
Imperial War Museum
North

建筑师：丹尼尔·里勃斯金／
Daniel Libeskind
地址：Trafford Wharf Rd,
Stretford, Manchester
M17 1TZ
建筑类型：文化建筑
建成年代：2001 年
开放时间：每天 10:00am–
5:00pm

帝国战争博物馆是建筑大师
丹尼尔·里勃斯金在英国的
第一个建筑项目。该项目的
设计概念是"球体的破碎与
重组"，三个相互连接的碎片
象征着地球、空气和水，"地
球"体块是主要展览空间，"空
气"体块是戏剧性的入口空
间，"水"体块提供了俯瞰运
河的平台。

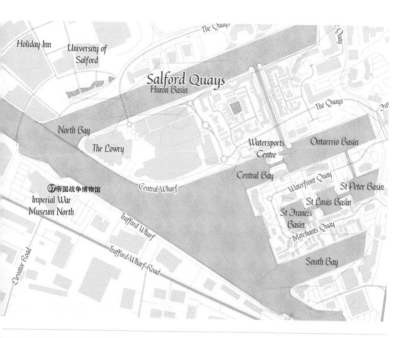

08 比瑟姆大厦

09 麦琪曼彻斯特癌症关护中心

08 比瑟姆大厦
Beetham Tower

建筑师：SimpsonHaugh &
Partners
地址：301 Deansgate,
Manchester M3 4LQ
建筑类型：居住建筑
建成年代：2006 年

在 2018 年之前，比瑟姆大
厦都是伦敦以外英国最高的
建筑，从周边十个郡都可
以望到。由于采用狭长的平
面，大厦从东西面看去非常
轻薄，10 : 1 的高宽比使它也
成为世界上最薄的摩天大楼
之一。大厦从 23 层开始出挑
4 米，对应着内部酒店和住
宅功能的转换。

09 麦琪曼彻斯特癌症关护
中心
Maggie's Cancer
Centre Manchester

建筑师：诺曼·福斯特事务所
／ Foster & Partners
地址：Christie Hospital Nhs
Trust，Wilmslow Rd,
Manchester M20 4QL
建筑类型：医疗建筑
建成年代：2016 年

福斯特十年前曾患癌症并最
终康复，正是在本建筑所在
的克里斯蒂医院接受治疗。他
在本项目中希望创造温馨明
亮、亲切友好的医疗空间。建
筑采用复杂的木结构，锥
形、具有美丽镂空图案的木
制梁支撑起了整体空间。木
材使建筑更好地回应自然。大
面积的侧窗和三角形天窗为
室内提供了充足的自然光线。

09

南约克郡
South Yorkshire

Fenwick

Peatlands
Nature Reserv

ern

Thorne

Stainforth

Hatfield

oncaster

Finningley

dworth

Tickhill   Bawt

Kirk Balk 社区学院
Kirk Balk Community College

建筑师：Allford Hall Monaghan Morris(AHMM)
地址：West St, Hoyland, Barnsley S74 9HX
建筑类型：教育建筑
建成年代：2011 年

该项目包括学校、成人教育以及一系列社区服务功能，为充分利用有限的预算，建筑采用简单的形体，并在景观面设置大量阳台，形成室内外交融的教学环境。内部通高的三角形大厅顶部采光，带给室内充足的自然光。

克鲁斯堡剧院
Crucible Theatre

建筑师：Renton Howard Wood Levin Architects (RHWL)
地址：55 Norfolk St, Sheffield S1 1DA
建筑类型：文化建筑
建成年代：1971 年

克鲁斯堡剧院位于市中心。主剧场包括一个伸出式舞台和980 个座位，此外还有一个可容纳 400 人的克鲁斯堡工作室。1976 年以来世界斯诺克锦标赛固定在克鲁斯堡剧院举行，该建筑也一度成为斯诺克的代名词。

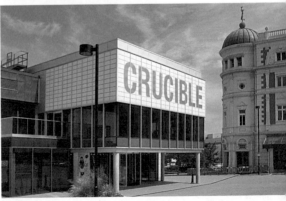

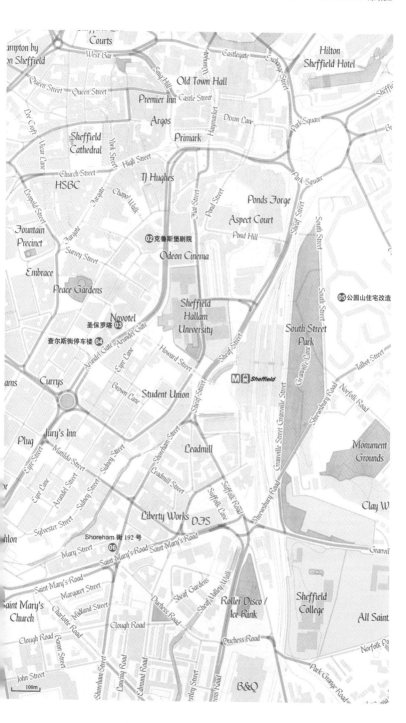

⑬ 圣保罗塔
St. Paul's Tower

建筑师：Conran & Partners
地址：St. Paul's Pl,
Sheffield S1 2LL
建筑类型：居住建筑
建成年代：2010 年

圣保罗塔

圣保罗塔是谢菲尔德最高的建筑。由一个 32 层的塔楼和一个 9 层的体量组成，二者通过一层的零售空间和屋顶花园相互连接。建筑外立面综合多种材料，包括玻璃幕墙、暖色石材、镀铜铝百叶等。

⑭ 查尔斯街停车楼
Charles Street Car Park

建筑师：Allies and Morrison
Architects
地址：72 Charles St,
Sheffield S1 2NJ
建筑类型：交通建筑
建成年代：2008 年

查尔斯街停车楼

停车楼采用匀质的外表皮，以隐藏楼层的划分。表皮由大量相同的阳极铝板构成，每块铝板都被以一定角度折叠并以 4 种不同方向悬挂，铝板内侧被涂为绿色。铝板立面既为停车楼提供自然通风，也形成了丰富的光影效果。

⑮ 公园山住宅改造
Park Hill

建筑师：Hawkins \ Brown
+ Studio Egret West
地址：Rhodes St,
Sheffield S2 5SB
建筑类型：居住建筑
建成年代：2011 年

公园山住宅改造

原建筑建成于 1961 年，是英国最早的粗野主义建筑案例之一，采用裸露的混凝土框架和红砖幕墙用模块式的居住单元组成一个小型社会。由于复杂的社会变化，这个高密度的保障性住宅逐渐破败。改造拆除了混凝土结构以外的所有构件，改变了室内布局，外立面也采用彩色阳极铝板重新装饰，使建筑更加活泼（左图为改造前，右图为改造后）。

⑯ Shoreham 街 192 号
192 Shoreham Street

建筑师：Project Orange
地址：192 Shoreham St,
Sheffield S1 4SQ
建筑类型：办公建筑
建成年代：2012 年

Shoreham 街 192 号

该项目是对一座维多利亚风格工业仓库的改造，上层的附加体替换了以前的尖顶，创造出三个包裹在黑色钢体量内部的复式办公室空间。同时新建部分通过体块联动，与之前的砖结构形成多重对比。

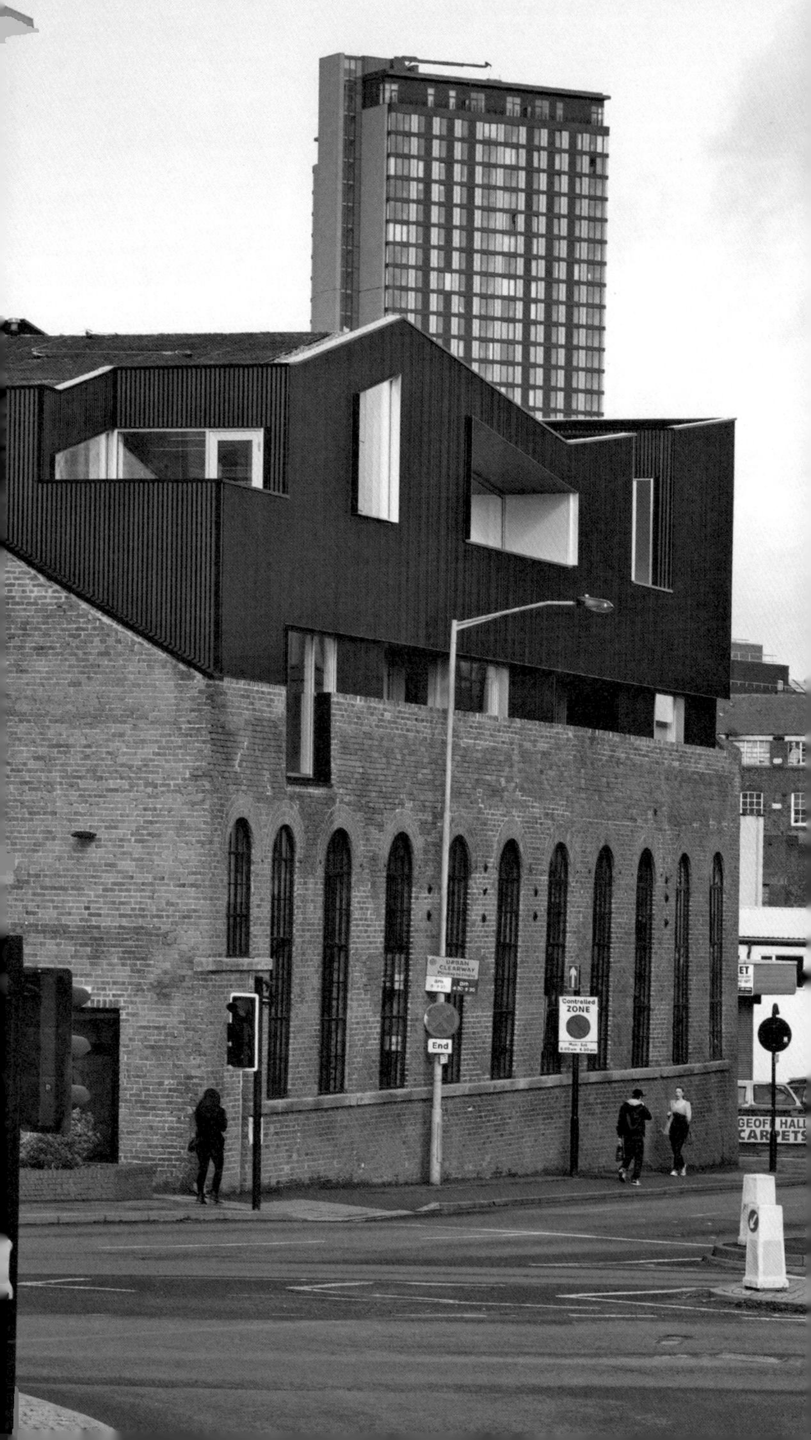
URBAN
CLEARWAY
End
Controlled
ZONE
GEOFF HALL
CARPETS

10
德比郡
Derbyshire

建筑数量：01

01 德文特河谷工厂群 ⚐

Note Zone

01 德文特河谷工厂群 ⚲
Derwent Valley Mills

地址 : Derwent
Valley, Derbyshire
建筑类型 : 特色片区
建成年代 : 18、19 世纪

文特河谷工厂群

文特河谷工厂群被列
世界文化遗产。它位
英格兰中部，拥有 18
19 世纪兴起的大量
纺织厂，包括工厂群
工人住宅社区等，是
个具有重要历史意义
科技影响力的工业遗
，是现代工厂的原型。

11
诺丁汉郡
Nottinghamshire

建筑数量：03

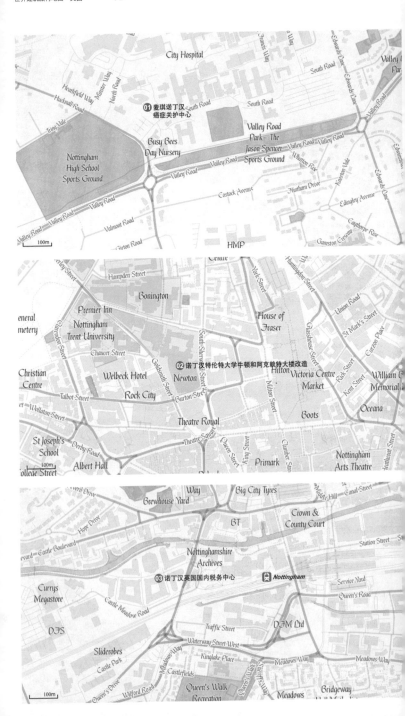

Note Zone

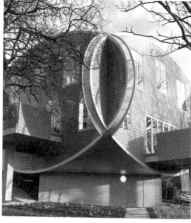

⑪ 麦琪诺丁汉癌症关护中心
Maggie's Cancer
Caring Centre
Nottingham

建筑师：Campbell
Zogolovitch Wilkinson and
Gough Architects (CZWG)
地址：Nottingham City
Hospital, Hucknall Rd,
Nottingham NG5 1PH
建筑类型：医疗建筑
建成年代：2011 年

麦琪诺丁汉癌症关护中心

该项目坐落于诺丁汉市医院内，从视觉上可以看出它是医院的一部分，但被保护于密林之中。双层建筑漂浮于半地下的基座上，斜坡上设有宽桥入口，建筑利用弧形屋顶，提供了不同高度的房间和空间，阳台从房间内延伸出来，亲近自然。

⑫ 诺丁汉特伦特大学牛顿和阿克赖特大楼改造
Newton and Arkwright
Buildings, Nottingham
Trent University

建筑师：霍普金斯建筑事务所
／ Hopkins Architects
地址：Burton St,
Nottingham NG1 4BU
建筑类型：教育建筑
建成年代：2009 年

诺丁汉特伦特大学牛顿和阿克赖特大楼改造

该项目是对建于 1877 年的阿克赖特大楼和建于 1950 年的牛顿大楼的改造，这两栋大楼都是英国二级历史保护建筑。为了提升这处市中心校园的社交活力，建筑师利用两栋建筑物之间的剩余空间设计了新的主入口和周边社区通道，一个有屋顶庭院以及新的教学和社交空间。旧建筑内部也被改造以改变原先陈旧、低效、不连贯的空间。

⑬ 诺丁汉英国国内税务中心 ♥
Inland Revenue Centre

建筑师：霍普金斯建筑事务所
／ Hopkins Architects
地址：Fitz Roy House,
Castle Meadow Rd,
Nottingham NG2 1AB
建筑类型：特色片区
建成年代：1994 年

诺丁汉英国国内税务中心

该建筑群为工业用地转型再生项目，包括办公、体育、综合服务等功能。整个项目由 7 个建筑物组成，分别为庭院型或 L 型。项目被通往诺丁汉城堡的道路所分隔。该项目在建造之时也是英国领先的可持续项目之一。建筑物角部的玻璃体量内的空气在阳光照射时升温，为通风系统增加动力。玻璃体顶部的"伞盖"在炎热时打开，排出热空气，天冷时则闭合保温。

12

施洛普
Shropshire

建筑数量：01

01 铁桥峡谷

铁桥峡谷
Ironbridge Gorge

址 :Hodge
ower, Ironbridge,
lford TF8 7JP
筑类型 :其他 / 桥梁建筑
成年代 :1779 年

列入世界文化遗产的铁
峡谷区域占地 5.5 平
公里,是工业革命的象
。这片区域包含了所
18 世纪工业发展的成
,包括煤矿、铁路、风
、铁桥等。建于 1779
的铁桥是世界上第一座
桥,跨度 100 英尺,高
英尺,宽 18 英尺,全
采用铸铁,重达几百
,具有 18 世纪古典的
称和雅致。

13
莱斯特郡
Leicetershire

Lount

Ashby de la Zouch

Measham

Snarrrestone

Twycross

Marrrket P

Shenton

Stoke Gold

Bottesford
Barrrkestone
Harrrby
Harrrst
Kegw
ughton
Scalford
Stonesby
Hathern
Loughborough
01
Ragdale
Melton Mowbray
Wymon
Quorn
Great Dalby
Gaddesby
Syston
Newtown Linford
02
Scraptoft
Tilton on the Hill
Kirby Muxloe
Leicester
03
Billesdon
Loddingto
Wigston
Illston on the Hill
Narrrborough
Hallaton
Broughton Astley
Smeeton Westerby
Medbourne
Ca
Ullesthorpe
Marrrket Harrrbo
Lutterworth
Husbands Bosw

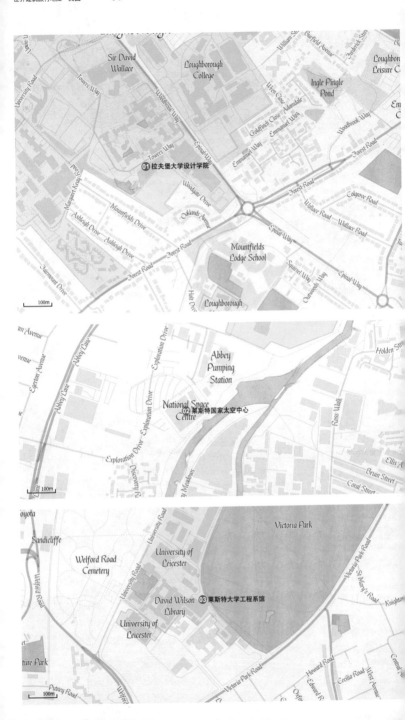

01 拉夫堡大学设计学院

02 莱斯特国家太空中心

03 莱斯特大学工程系馆

Note Zone

⑪ 拉夫堡大学设计学院
Loughborough Design
School

建筑师：Burwell Deakins
Architects
地址：Loughborough
University, Loughborough
LE11 3TU
建筑类型：教育建筑
建成年代：2012 年

⑫ 莱斯特国家太空中心
National Space Centre

建筑师：格雷姆肖建筑事务所／
Grimshaw Architects
地址：Exploration Dr,
Leicester LE4 5NS
建筑类型：文化建筑
建成年代：2001 年

⑬ 莱斯特大学工程系馆
Faculty of Engineering,
Leicester University

建筑师：詹姆斯·斯特林／
James Stirling
地址：University Rd,
Leicester LE1 7RH
建筑类型：教育建筑
建成年代：1963 年

拉夫堡大学设计学院

这栋三层建筑容纳了多种设计学科的教学空间，一条内部道路贯穿整个建筑，设计配合垂直通风、自然采光等措施实现了可持续。

莱斯特国家太空中心

该建筑是英国唯一的空间科学和天文学专用设施。天文馆的圆屋顶穿过混凝土屋面板，衬托着高耸的垂直塔。主展厅提供一个可灵活布置、双层高的空间，被一层穿孔金属板包裹。垂直塔的外立面采用 ETFE 气膜，是这座建筑乃至莱斯特市的标志。

莱斯特大学工程系馆

该建筑为詹姆斯·斯特林设计的"红色三部曲"之一。在用地紧张的条件下，建筑分为两部分，底部铺满的裙房容纳了大量工作室和实验室，上部的塔楼主要为教室和办公室，设计灵感来自一艘航空母舰的上层结构。

Brownhill
Bloxwich
Aldridge
olverhampton
Walsall
Sutton Coldfield
Wednesbury
Erdington
Dudley
Oldbury
Aston
01-02
Birmingham
03
04
Chelmsle
tourbridge
Harrrborne
Halesowen
Billesley
Northfield
Solihull

14

西米德兰兹
West Midlands

建筑数量 : 04

Meriden

Coventry

all Common

⑪ 伯明翰图书馆改造
Library of Birmingham

建筑师：Mecanoo Architects
地址：Centenary Sq, Broad St, Birmingham B1 2EP
建筑类型：文化建筑
建成年代：2013 年

伯明翰图书馆改造

图书馆的表皮采用一整面相互交叠的掐丝圆环，使人想起这座前工业城市的金工传统。图书馆中有一个圆形天井，电梯和自动扶梯松放置于这个公共空间内，天井同时为图书馆带来了自然采光和通风。图书馆体量之间的错叠形成了屋顶花园，成为城市中的大阳台。

⑫ 国家海洋生物中心
National Sea Life Center

建筑师：诺曼·福斯特事务所 / Foster & Partners
地址：The Waters Edge, 3 Brindleyplace, Birmingham B1 2HL
建筑类型：文化建筑
建成年代：1996 年
开放时间：周一至周五 10:00am–5:00pm，周末及学校假日 10:00am–6:00pm

国家海洋生物中心

该项目是一个在英国内地地区建造的大型水族馆。在它建造之时，它拥有英国唯一一处完全透明的 360° 水下隧道。

⑬ "立方体"办公楼
The Cube

建筑师：Make Architects
地址：213 Wharfside St, Birmingham B1 1RN
建筑类型：办公建筑
建成年代：2010 年

"立方体"办公楼

该建筑为伯明翰市中心的一座新标志性建筑，是一栋综合办公、零售、餐饮、住宅以及精品酒店等功能的综合性建筑。建筑形体中，中间设有通高中庭将自然光引入整个建筑。建筑表皮使用不同大小的金色和古铜色阳板铝板覆盖，通过控制不同朝向上铝板与窗户的比例实现了其绿色、节能特点。

⑭ Selfridges 斗牛场购物中心
Selfridges Building of Bullring Shopping Centre

建筑师：Future Systems
地址：Birmingham B5 4BP
建筑类型：商业建筑
建成年代：2003 年

Selfridges 斗牛场购物中心

购物中心的步行街形态以伯明翰的历史街道模式为基础，将新街、高街和圣马丁教堂、露天广场联系起来，让新建筑与城市路网和肌理充分融合。商场立面采用圆盘覆盖，形成动态、呼吸般的形体，它的现代感与传统建筑产生对比。

15
沃里克郡
Warwickshire

建筑数量 : 03

Stu

Note Zone

③① 阿斯特利城堡旅馆
Astley Castle

建筑师：Witherford Watson
Mann Architects
地址：1 Church Ln,
Astley, Nuneaton CV10
7QN
建筑类型：旅馆建筑
建成年代：2012 年

阿斯特利城堡旅馆

建筑师将一个当代住宅
嵌入了一座 12 世纪的城
堡废墟中。新建筑为两
层住宅，被老城堡废墟
的厚实砂岩墙包围，黏
土砖将结构之间的缝隙
填平，新旧结构相互承
托。住宅被重新布局，15
至 17 世纪建造的房间被
辟为开放庭院，而新住
宅的房间被置于中世纪
建造的城堡核心。

③② 皇家莎士比亚剧院改造
Royal Shakespeare
Theatre

建筑师：Bennetts
Associates
地址：Waterside,
Warwickshire,
Stratford-upon-Avon CV37
6BB
建筑类型：文化建筑
建成年代：2010 年

皇家莎士比亚剧院改造

该剧院的改建保留了原
剧院重要的装饰艺术风
格的门厅，并修建了新
的观众厅、公共空间和
塔楼，以改善旧建筑的
使用功能。设计重塑了
剧院与周边环境以及城
市的关系。

③③ 英国电影协会影片存储
　　中心
BFI Master Film Store

建筑师：Edward Cullinan
Architects
地址：Lighthorne Rd,
Warwick CV35 9BZ
建筑类型：工业建筑
建成年代：2012 年

**英国电影协会影片存储
中心**

建筑整体造型简洁，力图
以低能耗的方式实现严
格的温湿度和防火性的
控制。建筑内包含 30 个
醋酸盐影片储藏间和 6 个
醋酸薄膜影片储藏间，各
间之间以不锈钢超压板
（stainless steel over-
pressure panels）和混凝
土防火罩来分隔，绿化
屋顶也有助于限制温度
的波动。

16
诺福克
Norfolk

建筑数量：03

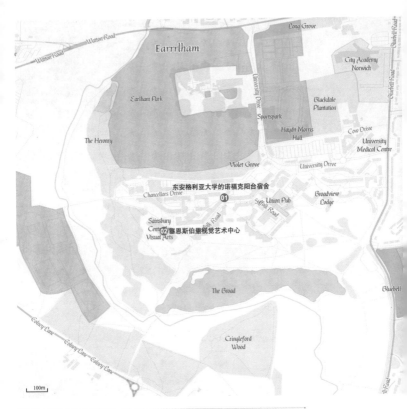

⓵ 东安格利亚大学的诺福克阳台宿舍 ⦿
Norfolk Terrace Halls of Residence at the University of East Anglia

建筑师：丹尼斯·拉斯顿 / Denys Lasdun
地址：Norwich NR4 7TU
建筑类型：居住建筑
建成年代：1968 年

⓶ 塞恩斯伯里视觉艺术中心
Sainsbury Centre for Visual Arts

建筑师：诺曼·福斯特事务所 / Foster & Partners
地址：University of East Anglia, Norfolk Rd, Norwich NR4 7TJ
建筑类型：教育建筑
建成年代：1978 年
开放时间：周二至周五 10:00am–6:00pm，周六、周日 10:00am–5:00pm，周一闭馆。

东安格利亚大学的诺福克阳台宿舍

该建筑融合了拉斯顿最典型的风格元素：方形塔、裸露混凝土、突出的房间。是粗野主义风格的典型作品。

塞恩斯伯里视觉艺术中心

该项目的赞助人认为艺术学习应该是一种不拘礼节的愉悦体验，因此项目采用了和传统美术馆大为不同的功能组织形式，将一系列艺术相关活动组织在一个充满光照的大空间中。该建筑对福斯特事务所早期针对轻盈灵活的围合结构所作的研究进行了改进，双层墙面和屋顶内包含结构和服务构件。两端的落地窗引入室外景色，铝合金百叶窗可以调节室内自然采光。

圣乔治礼拜堂改造
St. George's Chapel

筑师：霍普金斯建筑事务所
Hopkins Architects
址：George's, King St,
reat Yarmouth NR30 2PG
筑类型：宗教建筑
成年代：2013 年

拜堂被列为一级保护建
。霍普金斯参与了礼拜堂
改造工作，将其转变为一
表演艺术中心和社区中
。改造工程重新组织了礼
堂周边的交通，并在老建
旁边新建了一个亭子式的
筑，作为礼拜堂内功能的
充。

17
剑桥郡
Cambridgeshire

01 英平顿乡村学校
Impington Village
College

建筑师：沃尔特·格罗皮乌斯
／ Walter Gropius
地址：New Rd, Impington,
Cambridge CB24 9LX
建筑类型：教育建筑
建成年代：1936 年

整个平面像一个反写的"之"
字，入口位于"之"字形的
头部，右侧为会议厅，左侧
是娱乐活动场所。会议厅右
侧部分为两层建筑，其余均
为单层。设计注重内部，外
观朴实无华，充分展现了格
罗皮乌斯以功能为导向的特
点，被列为英国一级保护建
筑。

② 米勒中心
The Møller Centre

建筑师:DSDHA Architects
地址: Churchill College,
Storey's Way, Cambridge
CB3 0DE
建筑类型:教育建筑
建成年代:2007 年

DSDHA 为米勒中心设计了
新的协作学习和音乐中心,设
计旨在营造一个协作学习环
境,提供一个灵活的空间,可
以以多种方式使用。建筑内
部的木材内饰软化了硬朗的
几何形状,并将室外的自然
感受带进室内。

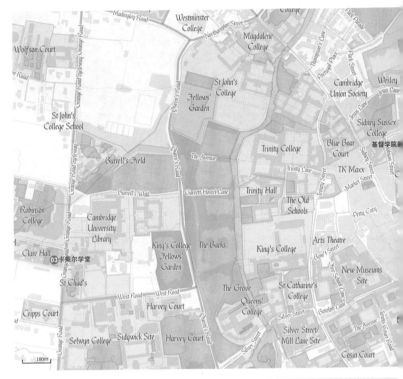

⑱ 卡莱尔学堂
Clare Hall

建筑师：拉夫·厄斯金／
Ralph Erskine
地址：Herschel Rd,
Cambridge CB3 9AL
建筑类型：教育建筑
建成年代：1967 年

厄斯金设计的卡莱尔学堂采
用三角形式天际线，将建筑
完美地融入自然环境中。建
筑包括六种类型的功能：住
宿，共用餐厅，研讨室和研
究室，地下停车场，行政管
理办公室和厨房。

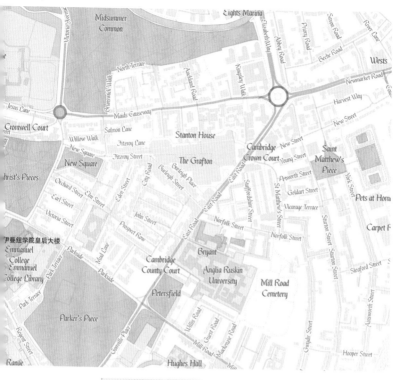

⑭ 基督学院新院
Christ's College,
New Court

建筑师：丹尼斯·拉斯顿 /
Denys Lasdun
地址：Christ's College,
Cambridge CB2 3BU
建筑类型：教育建筑
建成年代：1970 年

基督书院新院

该建筑为粗野主义风格，被称为"打字机"。建筑采用了拉斯顿代表性的退台手法，在消解建筑巨大体量的同时，提供给室内充足的自然采光。

⑮ 伊曼纽学院皇后大楼
The Queen's Building,
Emmanuel College,
University of Cambridge

建筑师：霍普金斯建筑事务所
/ Hopkins Architects
地址：St. Andrew's St,
Cambridge CB2 3AP
建筑类型：教育建筑
建成年代：1995 年

伊曼纽学院皇后大楼

皇后大楼共 3 层，呈椭圆形，内部是一个双层的礼堂。外立面采用了顿石灰石，和附近克里斯托弗·雷恩设计的学院小教堂材质相同。建筑采用框架结构，框架之间采用大型窗户和非承重石板填充，在内部，支撑屋顶的不锈钢和木桁架显露在外，建筑内外使用相同的石材和木材。

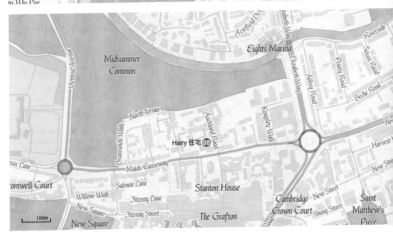

⑥ Fitzwilliam College

建筑师：丹尼斯·拉斯顿 /
Denys Lasdun
地址：Storey's Way,
Cambridge CB3 0DG
建筑类型：教育建筑
建成年代：1963 年

⑦ 剑桥大学历史系图书馆 ✔
　　Seeley Historical Library

建筑师：詹姆斯·斯特林／
James Stirling
地址：Faculty of
History, West Rd,
Cambridge CB3 9EF
建筑类型：教育建筑
建成年代：1968 年

⑧ Hairy 住宅
　　Hairy House

建筑师：Ashworth Parkes
Architects
地址：16 Auckland Rd,
Cambridge CB5 8DW
建筑类型：居住建筑
建成年代：2009 年

菲茨威廉学院

该建筑是菲茨威廉学院第一次大规模建设，具有多种功能，包括大学餐厅、酒吧、厨房、公共休息室、研讨室和一间健身房。餐厅标志性的白色壳体屋顶为室内带来明亮的自然光。

剑桥大学历史系图书馆

该项目是詹姆斯·斯特林的"红色三部曲"之一。建筑主体为 L 形，阅览区在内夹角，使其与周围房间更好地联通。跑马廊环绕阅览区，使其成为空间与流线的中心，上方的天窗带来充足的自然光，但冬季漏风、夏季过热也是不可忽视的问题。

Hairy 住宅

该住宅很小，面宽仅 7.5m、进深 10.5m，两侧都有 3m 高的围墙。因为新建筑在高度上不允许超过隔壁的屋檐，所以设计下挖了一定深度，使得小空间感觉更为宽敞，也使自然光更深入房间内部。设计还在入口处地板下设置了储藏空间。

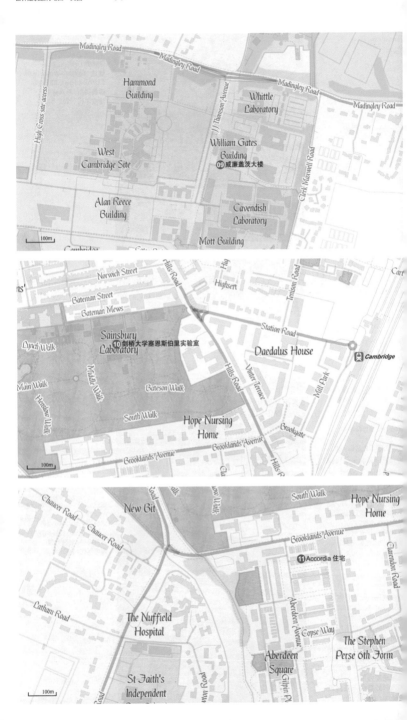

⑨ 威廉盖茨大楼
William Gates Building

建筑师：RMJM Architects
地址：15 J J Thomson Ave,
Cambridge CB3 0FD
建筑类型：教育建筑
建成年代：2001 年

威廉盖茨大楼

威廉盖茨大楼为剑桥大学计算机实验室而建，包括研究、教学、图书馆和餐饮设施空间。它采用直角和线条构建了一座独立、现代、庄重的建筑。教学区与研究区以 3 层楼的"街道"连接，"街道"中可以进行非正式的交流和会谈。

⑩ 剑桥大学塞恩斯伯里实验室
The Sainsbury
Laboratory, University of
Cambridge

建筑师：Stanton Williams
Architects
地址：Bateman St,
Cambridge CB2 1LR
建筑类型：教育建筑
建成年代：2010 年

剑桥大学塞恩斯伯里实验室

该项目位于剑桥植物园内，建筑通过与植物园之间的整体关系来回应实验室的主旨，因此其与植物园之间的渗透性和连接性是概念的核心。整个建筑物半下沉，地面以上只有两层，保持了整体的水平延展，保证了建筑体量的适宜性。

Accordia 住宅

这是第一个获得英国皇家建筑师协会斯特林奖的住宅项目。项目用地约三分之一用作景观用地，使住户拥有生活在田园中的感觉，不同片区的景观具有不同风格、不同功能，供住户使用，所有的空间都由小径连接。屋顶空间、内部庭院和大型半公共社区花园为家庭内外部生活提供了新的模式。

⑪ Accordia 住宅
Accordia

建筑师：Feilden Clegg
Bradley Studios + Alison
Brooks Architects +
Maccreanor Lavington
Architects
地址：Gilmour Rd,
Cambridge CB2 8DX
建筑类型：居住建筑
建成年代：2006 年

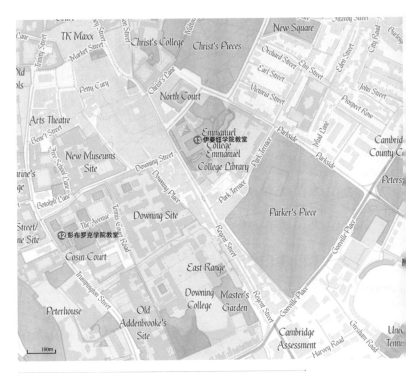

⑫ 彭布罗克学院教堂
The Chapel, Pembroke
College, Cambridge
University

建筑师：克里斯托弗·雷恩 /
Christopher Wren
地址：Pembroke St,
Cambridge CB2 1RF
建筑类型：宗教建筑
建成年代：1665 年

⑬ 伊曼纽学院教堂
The Chapel, Emmanuel
College, Cambridge
University

建筑师：克里斯托弗·雷恩 /
Christopher Wren
地址：St. Andrew's St,
Cambridge CB2 3AP
建筑类型：宗教建筑
建成年代：1677 年

彭布罗克学院教堂

它是牛津大学天文学教
授克里斯托弗·雷恩第
一座建成的建筑，与他
在牛津设计的谢尔登剧
院同时代。这栋建筑是
牛津和剑桥第一座没有
中世纪特色的大学教堂。

伊曼纽学院教堂

这座小教堂也是一件雷
恩的早期作品。在小教
堂建成 50 年后，其内部
又增添了家具装饰。教
堂窗户上的玻璃本来是
很普通的，如今的玻璃
是 1884 年为了纪念伊曼
纽学院建立三百周年而
增加的。随着时间的推
移，建筑也在潜移默化
地改变。

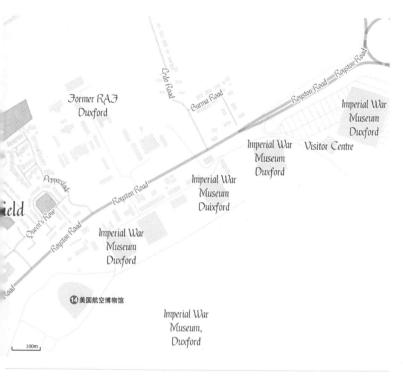

Former RAF Duxford

Imperial War Museum Duxford

Visitor Centre

Imperial War Museum Duxford

Imperial War Museum Duixford

Imperial War Museum Duxford

⑭ 美国航空博物馆

Imperial War Museum, Duxford

100m

⑭ 美国航空博物馆
American Air Museum

建筑师：诺曼·福斯特事务所
／ Foster & Partners
地址：Duxford,
Cambridge CB22 4QR
建筑类型：文化建筑
建成年代：1997
开放时间：每天 10:00am-
5:00pm

该建筑的主体为超大跨度弧形屋顶，可支持悬挂飞机。立面上连续的玻璃条带在白天带来充足的自然采光。这个项目的成功在于建筑优雅的工程形式与飞机的技术感之间的共鸣，建筑本身与内部展品产生强烈的呼应。

1日

贝德福德郡
Bedfordshire

建筑数量：01

01 诺顿国王图书馆／
　　诺曼·福斯特事务所

01 诺顿国王图书馆
Kings Norton Library,
Cranfield University

建筑师：诺曼·福斯特事务所
／ Foster & Partners
地址：Cranfield
University, Cranfield,
Bedford MK43 0AL
建筑类型：教育建筑
建成年代：1992 年

该项目的设计概念是将传统
图书馆变得更轻、更开放、更
方便。该建筑由四个钢框
架支撑的筒形屋顶组成，其
中一个对应于中庭空间，连
通建筑的三层。悬垂的屋顶
在建筑物的两侧提供了遮阴
的走道，在建筑前方，屋顶
的延伸形成了一个拱形的入
口。建筑最大限度地利用了
无眩光的自然光线和景观。

19
萨福克郡
Suffolk

建筑数量：03

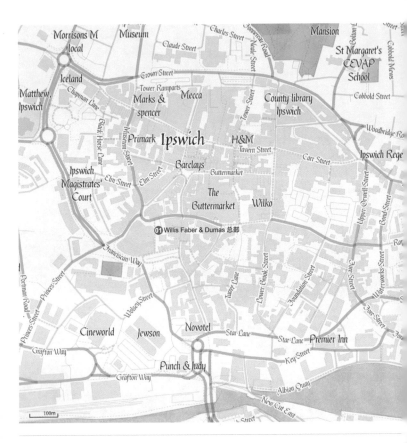

① Willis Faber & Dumas 总部
Willis Faber and Dumas
Headquarters

建筑师：诺曼·福斯特事务所
／Foster & Partners
地址：15 Friars St, Ipswich
IP1 1TD
建筑类型：办公建筑
建成年代：1975 年

该项目保持了与周围都市肌
理的协调性，建筑设置了游
泳池、屋顶餐厅和花园，为
工作场所注入人文气息，激
发社区凝聚力。建筑的低层
开放式格局与周围的建筑协
调一致，而曲线型立面又与
不规则的中世纪街道布局产
生对比。白天，玻璃幕墙映
照城市环境；夜晚，它将室
内活动对城市展示。

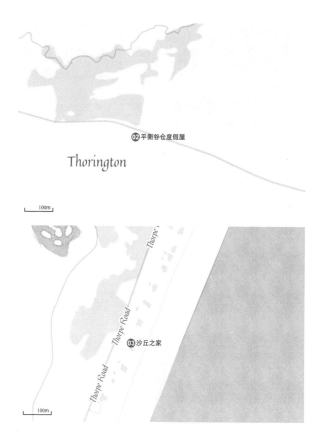

⓬平衡谷仓度假屋

Thorington

100m

Thorpe Road

⓭沙丘之家

100m

衡谷仓度假屋

筑的坡屋顶与现代感
金属板表皮形成传统
现代建筑语汇的互
。金属表皮反射周围
观的四季变化，垂直
地形的悬挑结构与直
型自然景观相对应。由
建筑建在斜坡上，周
自然景观条件良好，参
者可以在一个平台感
不断变化的户外景色。

丘之家

筑一层落地窗的透明
模糊了建筑与沙丘地
和与远方的海的边
。屋顶采用戗橘色钢
，卧室和浴室设有天
，使人能够全方位欣
站地和大海景观。

⓬ 平衡谷仓度假屋
   Balancing Barn Holiday
   Home

建筑师 :MVRDV 建筑设计事
务所
地址 :Thorington,
Halesworth IP19 9JG
建筑类型 :旅馆建筑
建成年代 :2010 年

⓭ 沙丘之家
   The Dune House

建筑师 :Jarmund Vigsnaes
Architects + Mole
Architects
地址 :Thorpeness, Leiston
IP16 4NR
建筑类型 :居住建筑
建成年代 :2010 年

20

牛津郡
Oxfordshire

建筑数量：14

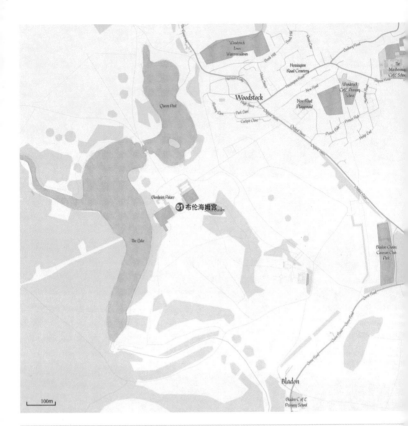

Note Zone

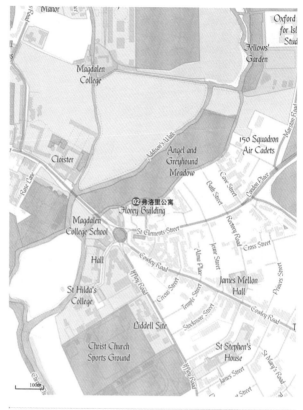

⓫ 布伦海姆宫 ◐
Blenheim Palace

地址：Woodstock OX20
1PP
建筑类型：历史建筑
建成年代：1722 年

英国园林经典之作的布
伦海姆宫将田园景色、园
林和庭院融为一体，已
被列入世界文化遗产名
录。宫殿采用英式巴洛
克风格，体现了 18 世纪
英国浪漫主义运动的开
始，也是 18 世纪欧洲王
侯住宅的代表。

⓬ 弗洛里公寓
Florey Building

建筑师：詹姆斯·斯特林
／ James Stirling
地址：Florey Building,
Oxford OX4 1DW
建筑类型：居住建筑
建成年代：1971 年

该项目为詹姆斯·斯特
林"红色三部曲"中的
最后一座。大楼采用混
凝土结构，底部的 A 字
形支撑裸露在外。建筑
整体呈 U 形，朝北一侧
采用玻璃立面，正对彻
韦尔河的景色，其他立
面采用了斯特林设计的
学校建筑中常用的赤陶
砖。4 层的大楼包括 74
个公寓单元，顶层则是
一个 2 层高的美术馆，底
层则是餐厅和设备间。

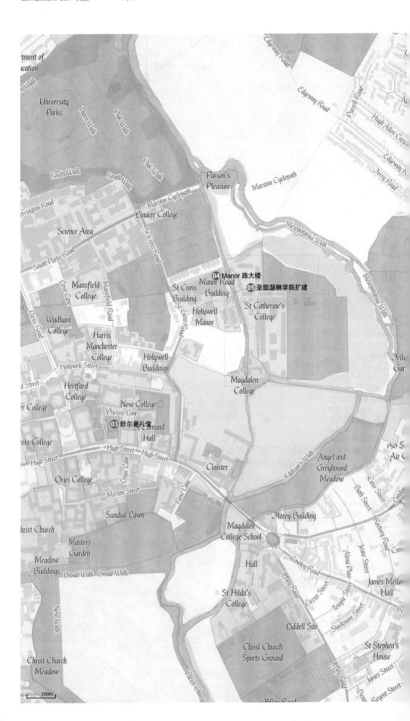

Note Zone

舒尔曼礼堂

牛津大学中的舒尔曼礼堂巧妙地结合了传统材料与现代设计。礼堂保留了部分古老的围墙，由此保存了此处中世纪的花园形态，建筑屋顶也采用了传统的石板铺葺的坡屋顶。关闭木百叶窗可以将空间由私密转向开放。

③④ Manor 路大楼
Manor Road Building

建筑师 : 诺曼·福斯特事务所
／ Foster & Partners
地址 : Manor Rd，Oxford
OX1 3UQ
建筑类型 : 教育建筑
建成年代 : 1999 年

Manor 路大楼

这座四层建筑设有一个演讲厅、研讨会议室、公共休息室和一个俯瞰相邻河流的餐厅，均围绕中庭布置。建筑采用混凝土框架结构，框架间填充以单元式幕墙板，包括自动开启的上悬窗、保温板等。

③⑤ 圣凯琳学院扩建
St. Catherine's College
Extension

建筑师 : Hodder and
Partners
地址 : Manor Rd，Oxford
OX1 3UJ
建筑类型 : 居住建筑
建成年代 : 1994 年、2005 年

圣凯瑟琳学院扩建

学院进行了两次扩建，第一次扩建包括 55 间套房和几间客房，立面材质结合了黄色的石灰砖、预制混凝土和钢材。三个本块通过三个楼梯连接在一起。第二次扩建位于一期建设对面，增加了 132 间卧室、传达室，以及四个研讨会议室。

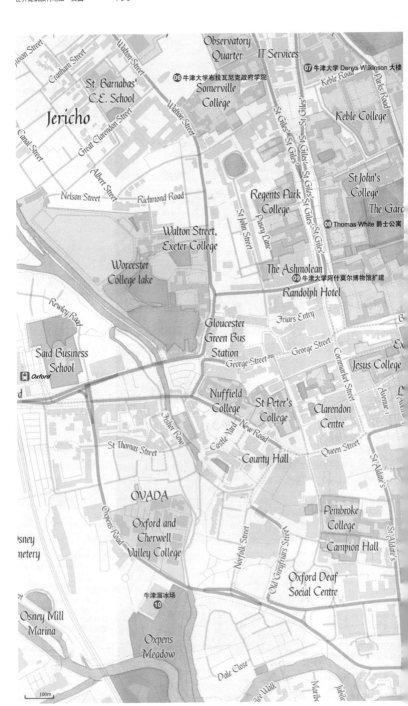

牛津大学布拉瓦尼克政府学院

该建筑采用堆叠的几何体块与牛津大学传统校园建筑产生强烈对比。建筑内部由中央大型螺旋楼梯形成通高中庭,通高中庭与每层楼的公共空间相连,使建筑内部成为开放、宽敞又彼此相连的整体。天窗和玻璃幕墙充分引入自然光。

⑯ 牛津大学布拉瓦尼克政府学院 ⊘
Blavatnik School of Government, University of Oxford

建筑师:赫尔佐格和德梅隆／Herzog & de Meuron
地址:120 Walton St, Oxford OX2 6GG
建筑类型:教育建筑
建成年代:2015 年

牛津大学 Denys Wilkinson 大楼

该建筑为粗野主义风格,内部为牛津大学物理系的天体物理学和粒子物理学学部。建筑最显著的特征是扇形混凝土塔,内部放置着粒子加速器。建筑立面材料为混凝土以及幕墙。

⑰ 牛津大学 Denys Wilkinson 大楼
Oxford University Denys Wilkinson Building

建筑师:奥雅纳工程咨询／Arup Associates
地址:Keble Rd, Oxford OX1 3RH
建筑类型:教育建筑
建成年代:1976 年

Thomas White 爵士公寓

建筑底层混凝土柱形成的柱廊环绕整个建筑,围合的形态隐约呼应了牛津大学学院建筑的四边围合形态。建筑采用一系列的单元,每层四间房间。立面上的白色混凝土框架和玻璃与实体混凝土交通盒产生对比。

⑱ Thomas White 爵士公寓
Sir Thomas White Building

建筑师:奥雅纳工程咨询／Arup Associates
地址:St. Giles, Oxford OX1 3JP
建筑类型:居住建筑
建成年代:1975 年

牛津大学阿什莫尔博物馆扩建

该建筑的扩建工程主要包括拆除旧建筑的后半部分,并在这里加建新的展览、教育和工作空间。为尊重原有建筑,新建部分不超过原有部分的高度,为此建筑师在每层之间加入一个夹层,以增加展览空间且控制高度。博物馆的外观在扩建中不发生明显变化,尽量保留牛津英式小镇的味道。

⑲ 牛津大学阿什莫尔博物馆扩建
Ashmolean Museum Extension, University of Oxford

建筑师:Rick Mather Architects
地址:Beaumont St, Oxford OX1 2PH
建筑类型:文化建筑
建成年代:2009 年

牛津溜冰场

建筑师采用大跨度的屋顶,用两根 30 米高的桅杆支撑起主梁,形成一个内部无柱空间,保证了室内大而连续的冰场。建筑北面是一面玻璃幕墙,透出滑冰场以及内部的活动。高耸的桅杆已成为当地的标志性结构。

⑳ 牛津溜冰场
Oxford Ice Rink

建筑师:格雷姆肖建筑事务所／Grimshaw Architects
地址:Oxpens Rd, Oxford OX1 1RQ
建筑类型:体育建筑
建成年代:1984 年

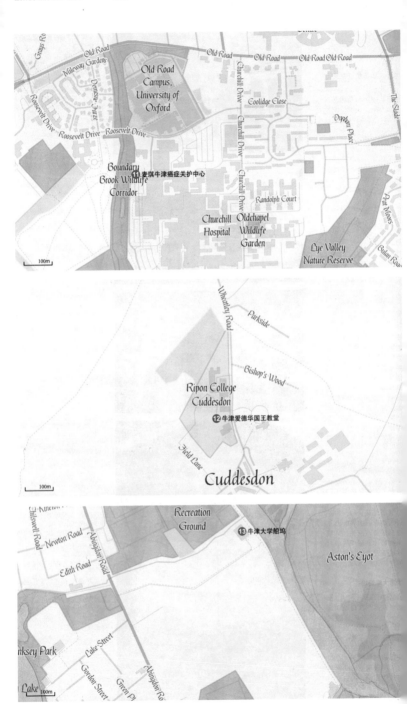

Craig Ro

Old Road

Mileway Gardens

Old Road

Old Road

Old Road Old Road

Old Road Campus, University of Oxford

Churchill Drive

Coolidge Close

Roosevelt Drive

Demesne Furze

Roosevelt Drive

Roosevelt Drive

Dynham Place

The Slade

⓫ 麦琪牛津癌症关护中心

Boundary Brook Wildlife Corridor

Churchill Drive

Churchill Drive

Randolph Court

Pen Moons

Bulan Roo

Churchill Hospital

Oldchapel Wildlife Garden

Lye Valley Nature Reserve

100m

Wheatley Road

Parkside

Bishop's Wood

Ripon College Cuddesdon

⓬ 牛津爱德华国王教堂

Field Lane

Cuddesdon

100m

Kineton

Recreation Ground

⓭ 牛津大学船坞

Newton Road

Chilswell Road

Abingdon Road

Aston's Eyot

Edith Road

nksey Park

Lake Street

Abingdon Ro

Gordon Street

Green Pl

Lake   100m

⑪ 麦琪牛津癌症关护中心
Maggie's Oxford Centre

建筑师 : Wilkinson Eyre Architects
地址 : The Patricia Thompson Building, Old Rd, Oxford OX3 7LE
建筑类型 : 医疗建筑
建成年代 : 2014 年

麦琪牛津癌症关护中心

建筑以树屋为概念，立面采用交错的木条包裹，底层架空。设计扩大了内部空间和外部景观之间的联系，提供了放松的环境以及积极的医疗空间。建筑整体呈三瓣形，以更好地适应场地中原有树木。

牛津爱德华国王教堂

礼拜堂外观呈椭圆状，采用三段式立面，通过石材的不同处理形成肌理变化。底部光滑平整，中部粗糙凸起、顶端竖排戗列，避免了体形上的单调。教堂长方形的入口通道光线昏暗，与穿过入口进入的椭圆形正殿形成强烈反差。34 根木柱延伸到屋顶构成对称的菱形空间，整个空间色调温暖、舒适。

牛津大学船坞

船坞位于泰晤士河边，面临着在洪泛区建设和保护湿地生态环境的挑战。铜质屋顶就像一艘船的外壳，在整个建筑上伸展，延伸的屋檐为使用者提供庇护。二层有三面玻璃的活动室从建筑中出挑，提供了不受拘束的视野，引导人们关注建筑周围的环境。

⑫ 牛津爱德华国王教堂
Bishop Edward King Chapel

建筑师 : Niall McLaughlin Architects
地址 : Wheatley Rd, Cuddesdon, Oxford OX44 9EX
建筑类型 : 宗教建筑
建成年代 : 2013 年

⑬ 牛津大学船坞
University College Boathouse

建筑师 : Belsize Architects
地址 : Abingdon Rd, Oxford OX1 4PS
建筑类型 : 体育建筑
建成年代 : 2007 年

⑭ 河流与赛艇博物馆
River and Rowing Museum

建筑师：大卫·奇普菲尔德／
David Chipperfield
地址：Mill Meadows,
Henley-on-Thames RG9
1BF
建筑类型：文化建筑
建成年代：1997 年

该建筑的设计理念来自于当
地的河船和传统的木制谷
仓，旨在使建筑与自然及周
边地区相协调。建筑以长、平
行、陡斜的橡木立面和镀铅
屋顶与当地传统建筑产生共
鸣。

白金汉郡
Buckinghamshire

建筑数量：01

01 嘉辛顿歌剧馆／
Snell Associates

Note Zone

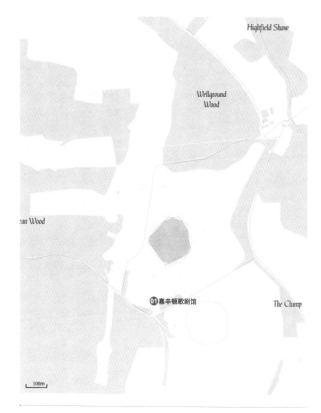

嘉辛顿歌剧馆
Garsington Opera
Pavilion

筑师：Snell
ssociates
址：Wormsley Estate,
okenchurch,
gh Wycombe HP14
E

筑类型：文化建筑
成年代：2011 年

里是一年一度的露天
季歌剧节举办地，是
个临时歌剧馆，在季
结束后拆除存放。该
计融合了欧洲传统建
、英国园林景观和日
歌舞伎馆的设计元
，30m 宽的亭子结构
镀锌钢框架组成，以
8m 为模数，屋顶覆盖
曲 PVC，以保证场地
声学效果。临时性的
馆边界感弱，与外面
境保持着积极关系。

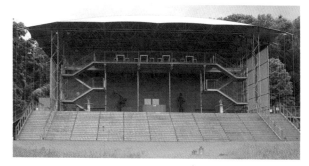

22
赫特福德郡
Hertfordshire

建筑数量：01

01 皇家兽医学院学生宿舍／
Hawkins \ Brown

100m

⑪ 皇家兽医学院学生宿舍
Student Village
Royal Veterinary
College

建筑师：Hawkins \ Brown
地址：Hawkshead Ln,
Brookmans Park，Hatfield
AL9 7TA
建筑类型：居住建筑
建成年代：2012 年

为融于周围环境，建筑设计
为 3—4 层的建筑群集合，围
合成多个庭院。考虑维护成
本与持久性，建筑立面材料
选用棕色的砖块与木材，单
体之间的楼电梯间由穿孔铝
板包裹。项目包括太阳能、水
循环系统等可持续设计。

23

埃塞克斯
Essex

建筑数量：02

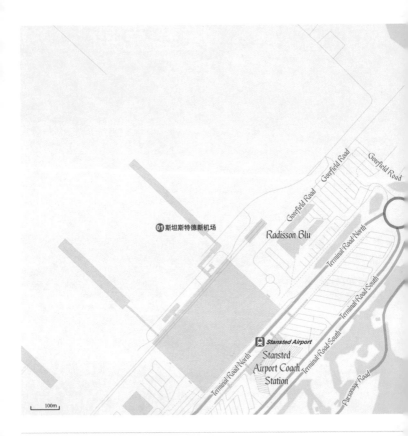

④ 斯坦斯特德新机场
New Stansted Airport

建筑师：诺曼·福斯特事务所
／ Foster & Partners
地址：Stansted CM24 1RW
建筑类型：交通建筑
建成年代：1991 年

建筑的树状钢柱结构从底部
支撑到屋顶，释放出内部的
大跨度空间。部分透明屋顶
为室内引入自然采光。

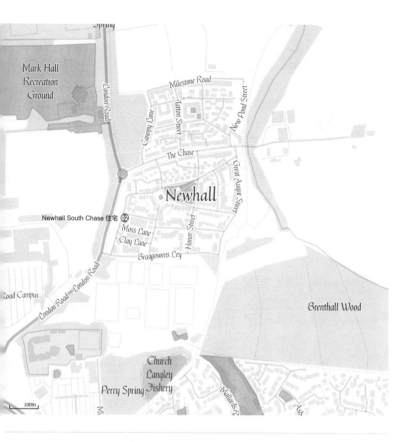

② Newhall South Chase 住宅
Newhall South Chase

建筑师：Alison Brooks
Architects
地址：Harlow CM17 9FA
建筑类型：居住建筑
建成年代：2012 年

该建筑设计受当地乡村建筑
屋顶形式和简单材料的影
响，住宅与传统元素呼应，采
用几何形体块。倾斜的屋顶
使光线进入庭院，屋顶平台
可享受景观。沿外部道路的
五栋别墅形成标志性形象，每
个单体的稍微倾斜的几何形
状使外立面具有方向性，形
成区域主要对外入口面。

Woodford

Romford

Dagenham

East Ham

Greenwich

Catford

Sidcup

Bromley

Orpington

建筑数量：189

⓵ Kilburn 山庄儿童公园
Kilburn Grange Park
Adventure Play Centre

建筑师：Erect Architecture
地址：Kilburn, London
NW6 4LD
建筑类型：文化建筑
建成年代：2010 年

⓶ 亚历山大路住宅区
Alexandra Road Estate

建筑师：Neave Brown
地址：90B Rowley Way,
London NW8 0SN
建筑类型：居住建筑
建成年代：1978 年

Kilburn 山庄儿童公园

游戏中心的场地原先是一座维多利亚时代的植物园，设计的主题是让孩子仿佛在树上、树边玩耍。游戏中心的种植屋顶呈折线形，嵌入公园景观。建筑整体采用木结构，覆盖部分室外空间并在内部形成"树屋"的空间感受。

亚历山大路住宅区

这处大规模居住区由三排呈新月形弯曲的建筑组成，包含 520 套公寓、一座学校、一个社区中心以及一个青年俱乐部。应对北侧铁道产生的噪声与振动是建筑总体布局中的主要考虑。阶梯形建筑也可以防止噪声过多地进入室内。建筑使用现浇混凝土，施工工艺复杂。

Note Zone

霍普金斯住宅

这座住宅是 Michael Hopkins 和 Patty Hopkins 的工作室兼自宅。建筑被设计为一座由玻璃和钢构成的盒子，采用 2m×4m 的小型钢框架，结构部件小而轻。建筑内部开放灵活，只有少量的固定隔断，区分出卧室和浴室等少量私密空间。

Isokon 住宅

这是一座现代主义风格的一级保护建筑，包含三十多套公寓，是 20 世纪 30 年代极简主义都市生活方式的实验场。它一度成为大量逃离纳粹德国和俄国战争的知识分子的聚集地，居住过包括包豪斯创始人沃尔特·格罗皮乌斯（Walter Gropius）在内的很多艺术界名人。但它在 20 世纪中期遭到荒废，直到 21 世纪初才重新修缮。公寓入口处的小型展厅有包豪斯相关的资料展出。

⑬ 霍普金斯住宅
Hopkins House

建筑师：霍普金斯建筑事务所 / Hopkins Architects
地址：49A Downshire Hill, Hampstead, London NW3 1NX
建筑类型：居住建筑
建成年代：1976 年

⑭ Isokon 住宅
Isokon Building

建筑师：Wells Coates
地址：3 Lawn Rd, Hampstead, London NW3 2XD
建筑类型：居住建筑
建成年代：1934 年

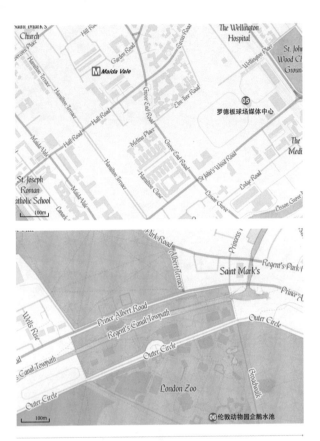

⑥伦敦动物园企鹅水池

⑤ 罗德板球场媒体中心
Lord's Cricket Ground Media Centre

建筑师 : Future Systems
地址 : St. John's Wood Rd,
London NW8 8QN
建筑类型 : 体育建筑
建成年代 : 1999 年

⑥ 伦敦动物园企鹅水池
Penguin Pool, London Zoo

建筑师 : 贝特洛·莱伯金／
Berthold Lubetkin
地址 : London Zoo,
Regent's Park,
London NW1 4RY
建筑类型 : 景观建筑
建成年代 : 1934 年

罗德板球场媒体中心

这座建筑是计算机时代结构技术与加工技术的集中体现，是一个全铝半硬壳式的建筑，以两个金属筒体支撑起向外水平延伸的主体部分。面向球场的一侧立面为完全通透的幕墙，保证了视野的最大化。

伦敦动物园企鹅水池

贝特洛·莱伯金是英国现代主义运动的先驱。这座建筑的设计核心是企鹅们用以嬉戏玩耍的混凝土双螺旋坡道，简单、直接地适应了企鹅迈不开步的动物特点，同时极具观赏性。柔和的弧形墙壁可以反射企鹅的叫声。宽阔的椭圆形蓝色水池与整个建筑使用的白色混凝土形成对比。该建筑被列为英国一级保护建筑。

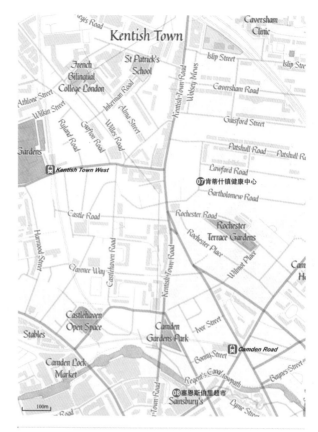

肯蒂什镇健康中心

建筑采用一套复杂的联
系建筑内部和外部环境
的空间体系。一条宽
阔、内化的街道贯穿整
个建筑，在建筑中部扩
大形成三层通高区域，将
视觉中心引到花园。建
筑内的走廊、房间、平
台等均与内街相联系，将
建筑的各个部分联系在
一起。

塞恩斯伯里超市

这座现代建筑与周边乔
治亚、维多利亚、哥特
复兴风格的建筑环境截
然不同，建筑采用悬臂
结构支撑起微拱的大跨
度屋顶，悬臂结构由杆
件结构系统固定。为保
证与整体环境的协调，建
筑的高度被设计为与附
近建筑的檐口线高度相
一致。

⑦ 肯蒂什镇健康中心
Kentish Town Health
Centre

建筑师：Allford Hall
Monaghan Morris (AHMM)
地址：2 Bartholomew Rd,
London NW5 2BX
建筑类型：医疗建筑
建成年代：2008 年

⑧ 塞恩斯伯里超市
Sainsbury's
Supermarket

建筑师：格雷姆肖建筑事务所
／ Grimshaw Architects
地址：17-21 Camden Rd,
London NW1 9LJ
建筑类型：商业建筑
建成年代：1987 年

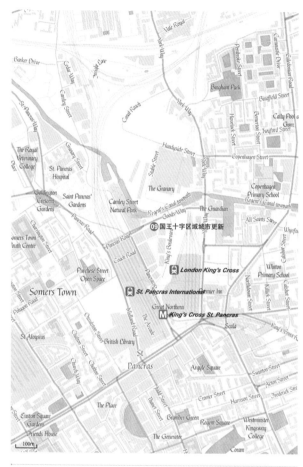

国王十字区城城市更新

Ⓓ 国王十字区域城市更新 ◎
King's Cross
Redevelopment

地址 :London N1C
建筑类型 :特色片区
建成年代 :2008-2019 年

国王十字区域是伦敦市区重
要的城市更新片区，总面积
7 英亩，涉及多项历史保
护建筑。该区域的再开发计
划将片区内的工业废弃地转
化成为涵盖居住、商业、办
公、展览、娱乐、学校等多
种功能的综合性新片区。其
中，由 Stanton Williams
设计的国王十字车站站前广
场，解放了国王十字和圣潘
克拉斯两个火车站交汇处的
拥挤空间。

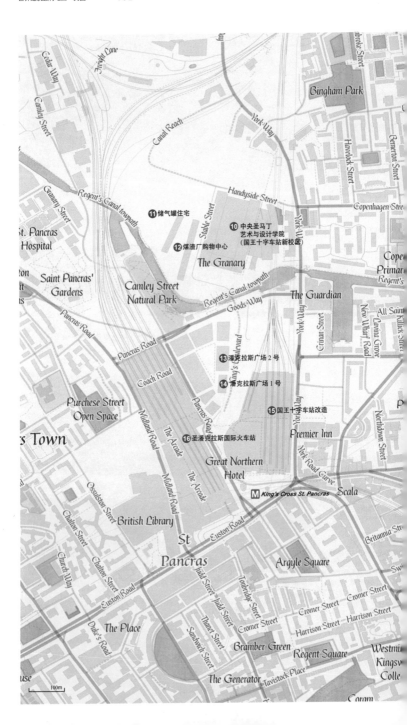

⑪储气罐住宅

⑩中央圣马丁
艺术与设计学院
（国王十字车站新校区）

⑫煤渣厂购物中心

⑬潘克拉斯广场2号

⑭潘克拉斯广场1号

⑮国王十字车站改造

⑯圣潘克拉斯国际火车站

中央圣马丁艺术与设计学院（国王十字车站新校区）

新校舍的前身是1852年由建筑师Lewis Cubbit设计的大型谷仓，当时伦敦所有面包店的谷物原料都来自这里。Lewis Cubbit也是当时国王十字火车站的设计师。新校舍不同于老校区古典的风格，面向城市的大尺度人口空间连接着通过层次丰富的交通长廊，成为街道空间的延续。屋顶采用ETFE薄膜为下面的公共空间提供了充足的采光。

储气罐住宅

这组住宅改造自1860年代建造的储气罐框架结构。新设计保留了原铸铁框架，内部容纳145套豪华公寓，外露的厚重的金属旧结构与玻璃、穿孔金属板构成的新表皮产生了新旧的对话。维多利亚时期的工业建筑得到了新生。

煤渣厂购物中心

该项目的前身是两栋维多利亚时期的煤炭仓库。为形成一个可供人们聚集和交流的空间，建筑师将两栋建筑通过延伸屋顶连接起来，并将交接部位有曲度地抬升，形成视觉焦点，以吸引人们，形成周围地区的活动中心。

潘克拉斯广场2号

建筑的外立面由白色石材和玻璃前后退让形成。随建筑层数上升，玻璃逐渐后退更深，到最高层时只留下白色石材框架，露出后面的天空。

潘克拉斯广场1号

建筑采用简中简结构，大面积的落地窗消解了建筑的体量感，同时给办公空间提供了良好的视野及采光。建筑表面的16根铸铁柱展现了简洁的工业风格。

⓾ 中央圣马丁艺术与设计学院（国王十字车站新校区）
Central St. Martins London, Kings Cross Building

建筑师：Santon Williams Architects
地址：Granary Building, 1 Granary Sq, Kings Cross, London N1C 4AA
建筑类型：教育建筑
建成年代：2011年

⓫ 储气罐住宅
Gasholders residence

建筑师：Wilkinson Eyre Architects
地址：Kings Cross, London N1C 4BX
建筑类型：居住建筑
建成年代：2018年

⓬ 煤渣厂购物中心 ⊙
Coal Drop Yard

建筑师：Heatherwick Studio
地址：Stable St, Kings Cross, London N1C 4AB
建筑类型：商业建筑
建成年代：2018年

⓭ 潘克拉斯广场2号
2 Pancras Square

建筑师：Allies and Morrison Architects
地址：2 Pancras Square, King's Blvd, Kings Cross, London N1C 4AG
建筑类型：办公建筑
建成年代：2014年

⓮ 潘克拉斯广场1号
1 Pancras Square

建筑师：大卫·奇普菲尔德／David Chipperfield
地址：1 Pancras Rd, Kings Cross, London N1C 4AG
建筑类型：办公建筑
建成年代：2014年

⑮ 国王十字车站改造 ●
King's Cross Station

建筑师：John McAslan & Partners
地址：Euston Rd，London N1C 4TB
建筑类型：交通建筑
建成年代：2012 年

国王十字火车站是伦敦市中心的重要交通枢纽，老火车站落成于 1852 年，是英国一级保护建筑。由 JMP 主持设计的加建工程在车站西大厅覆盖了单跨结构白色网格顶篷，使新建筑与维多利亚时代的老建筑关系平衡。加建部分也进行了太阳能板、雨水回收系统等节能设计。哈利·波特系列小说中的 9 又 3/4 站台在此取景。

⑯ 圣潘克拉斯国际火车站
St. Pancras International

地址：Euston Rd，Kings Cross，London N1C 4QP
建筑类型：交通建筑
建成年代：19–21 世纪

圣潘克拉斯火车站位于国王十字火车站旁边，最初落成于 1868 年。在 2000 年代，它被修缮、扩建，并更名为"圣潘克拉斯国际火车站"，是"欧洲之星"列车在英国的终点站。圣潘克拉斯火车站的翻建实现了维持传统外貌之精髓和适应现代需求之间的统一。

国王十字火车站内景

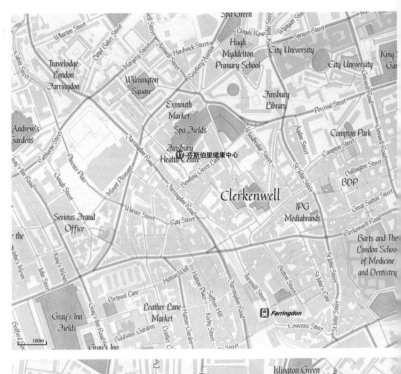

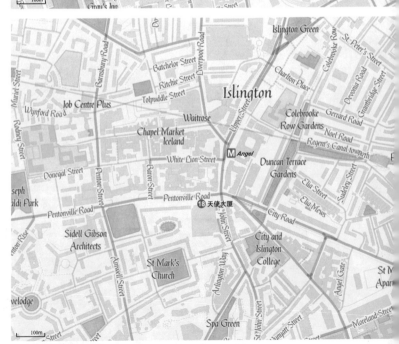

⑰ 芬斯伯里健康中心
Finsbury Health Centre

建筑师：贝特洛 • 莱伯金／
Berthold Lubetkin
地址：Pine St, London
EC1R 0LP
建筑类型：医疗建筑
建成年代：1938 年

作为一个开放的公共设施、建
筑提供给市民一个休养生
息、完全放松的空间。建筑
形体两侧张开，立面材质简
洁质朴，大规模的玻璃砖材
料为室内引入充足的自然采
光。该建筑被英国遗产协会
认定为一级保护建筑。

⑱ 天使大厦
Angel Building

建筑师：Allford Hall
Monaghan Morris (AHMM)
地址：407 St. John St,
London EC1V 4AD
建筑类型：办公建筑
建成年代：2011 年

该项目针对原有的混凝土框
架旧建筑和一个被弃置的
庭院，建筑师进行了重新定
义。旧建筑被改造成为办公
空间，废旧庭院也被转换为
充满活力的公共空间。该建
筑将工作场所与公共活动空
间良好地结合在一起，焕发
出新的活力。建筑立面采用
玻璃幕墙，顶层玻璃向内倾
斜。大厦的中庭对普通市民
开放。

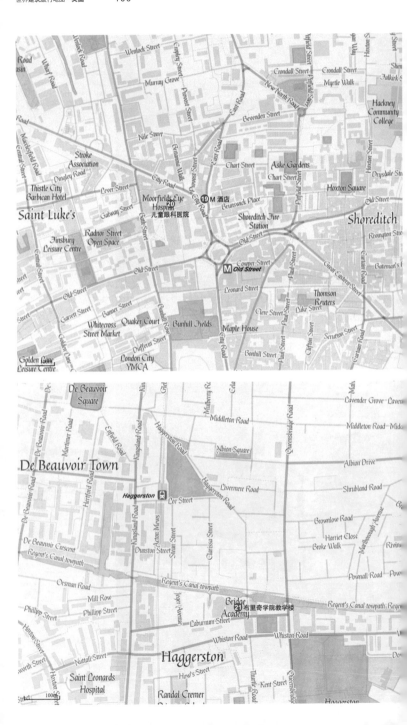

⑲ M 酒店
M by Montcalm

建筑师：Squire & Partners
地址：151-157 City Rd,
London EC1V 1JH
建筑类型：旅馆建筑
建成年代：2015 年

M 酒店

该建筑创造了强烈的视觉冲击感。外表皮以三种不同附层的玻璃交错排列，传达透明感、不透明感、体积感这三种感受。同时这也是建筑可持续设计的一部分。整个体量上前倾斜，带来动感，下部面向街角的部分斜向切出一个透明体块，向城市展开酒店的公共空间。

儿童眼科医院

这座医院的设计力图弱化人们对医院的原有印象，创造一个整体性的、以孩子为中心的、温馨的环境，使就医成为一项积极体验。建筑室内和室外的设计来自建筑师与艺术家的合作。日本艺术家 Yuko Shiraishi 制作了一幅贯穿五层的大型室内壁画，将一楼大厅与各层主要的等候空间相联系。入口立面的设计来自于和艺术家 Alison Turnbull 的合作，采用自由布置的折叠铝片百叶窗，既减少太阳直射，又形成了标志性的形象。

⑳ 儿童眼科医院
Children's Eye Centre,
Moorfields Eye Hospital

建筑师：Penoyre & Prasad
地址：3 Peerless St,
London EC1V 9EZ
建筑类型：医疗建筑
建成年代：2007 年

布里奇学院教学楼

设计以实现内部空间之间以及与外部环境的良好联系性为出发点。整座教学楼高七层，被中心楼梯分为两部分，以保证良好的交通。主要功能包括科研大楼、体育活动室、演出大厅三部分，体育活动室位于地下，降低了建筑整体高度。

㉑ 布里奇学院教学楼
Bridge Academy

建筑师：Building Design
Partnership (BDP)
地址：Laburnum St,
London E2 8BA
建筑类型：教育建筑
建成年代：2008 年

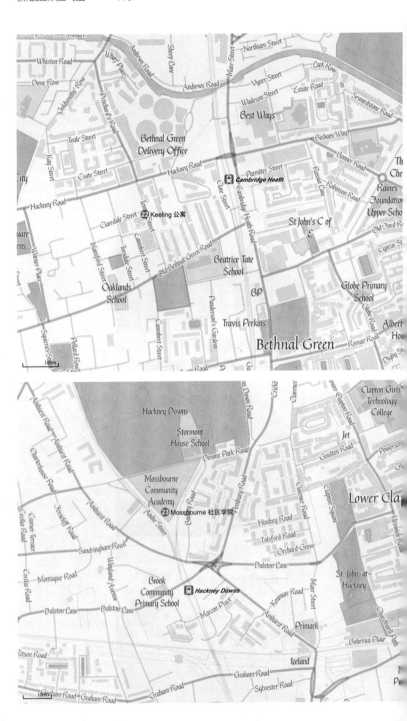

㉒ Keeling 公寓
Keeling House

建筑师：丹尼斯·拉斯顿 /
Denys Lasdun
地址：London E2 6PG
建筑类型：居住建筑
建成年代：1955 年

建筑师试图给当地居民提供
一种归属感，因此公寓的设
计不同于普通的高层建筑，而
是可以相互对视，鼓励邻居
之间的联系，但利用阳台保
持隐私性。该建筑在 2001 年
被翻修为高级公寓。

㉓ Mossbourne 社区学院
Mossbourne
Community Academy

建筑师：理查德·罗杰斯事务
所/ Rogers Stirk Harbour &
Partners
地址：Downs Park Rd,
London E5 8JY
建筑类型：教育建筑
建成年代：2004 年

学校所在的哈克尼（Hackney）
地区是伦敦乃至全英国经济
发展水平最低的片区之一，学
校的建设是片区城市复兴计
划的一部分，希望用教育来推
动城市文化及经济的发展。自
办学以来，这座学校逐渐由
英国最差的学校之一转变为
英国最优秀的学校之一。

Note Zone

㉔ 伊丽莎白女王奥林匹克公园 ◐
Queen Elizabeth
Olympic Park

建筑师：EDAW +
Hargreaves + LDA
地址：London E20 2ST
建筑类型：特色片区
建成年代：2012 年

㉕ 伦敦奥运自行车馆
London 2012
Velodrome

建筑师：霍普金斯建筑事务所
/ Hopkins Architects
地址：Queen Elizabeth
Olympic Park,
Abercrombie Rd,
London E20 3AB
建筑类型：体育建筑
建成年代：2011 年

㉖ 伦敦奥林匹克体育场
London Olympic
Stadium

建筑师：Populous
地址：Queen Elizabeth
Olympic Park, London
E20 2ST
建筑类型：体育建筑
建成年代：2011 年

㉗ 伦敦水上运动中心
London Aquatics
Centre

建筑师：扎哈·哈迪德／
Zaha Hadid
地址：Olympic Park,
London E20 2ZQ
建筑类型：体育建筑
建成年代：2012 年

伊丽莎白女王奥林匹克公园

该项目为 19 世纪以来英国新建的最大的城市公园，位于伦敦东部。原址为一片污染严重的工业园区，从 2008 年开始改建以来，除标志性的各大体育馆外，园区还容纳了沼泽、森林、草坪、野生动物栖息地等，改善了自然环境。

伦敦奥运自行车馆

这座体育馆是 2012 年伦敦奥运会永久场馆。它采用了双曲抛物线形的网结构，屋顶荷载非常轻。奥运会结束后，这个体育馆将继续为运动和当地社区服务。

伦敦奥林匹克体育场

作为 2012 年伦敦奥运会的主场馆，建筑以绿色节能为主要设计理念，用钢量比一般体育馆减少75%，体育场分为上下两层，上层容纳 55000 个座位，下部的碗形基底采用低碳混凝土。奥运会结束后体育馆上层部分被拆解，下半部分则作为永久的体育建筑使用。

伦敦水上运动中心

建筑屋顶取形于波浪，形态自由流动，与水上运动中心的功能相呼应。建筑通过三处混凝土支撑起了上部跨度160m、最宽98m的复合结构屋顶，形成巨大室内无柱空间。

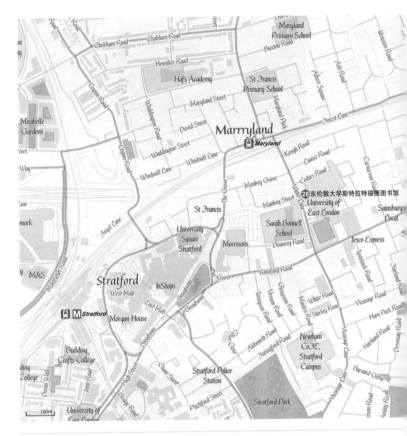

㉘ 东伦敦大学斯拉特特拉福德图书馆
UEL Stratford Library

建筑师：霍普金斯建筑事务所 / Hopkins Architects
地址：2 Water Ln，London E15 4NH
建筑类型：教育建筑
建成年代：2013 年

这座新的图书馆大幅提高了东伦敦大学斯拉特特拉福德校区的活力。图书馆一层有大型社交中心和咖啡厅，上层收藏有 15 万册书籍，涵盖教育、卫生、体育、生物科学、法律、心理学等学科。学习区域与核心空间相互隔离，避免干扰。该建筑获得了 BREEAM 绿色建筑评估优秀评级。

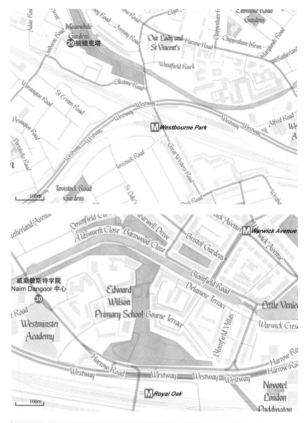

揣猎克塔

⋯是一座典型的粗野主
⋯高层住宅，是英国的
⋯级保护建筑，竣工于
⋯72 年，高 98m，共 31
⋯，内有 217 户。大楼
⋯因治安不佳而无人同
⋯，如今因聚集了不少
⋯术家而恢复了声誉。它
⋯代表 20 世纪 40-60 年
⋯现代派建筑的一个纪
⋯碑。

⋯斯敏斯特学院 Naim
⋯angoor 中心

⋯筑师希望创造一个创
⋯、连贯、灵活、可持
⋯的学习环境。建筑将
⋯体育馆外的所有功能
⋯盖在内，体育馆对社
⋯开放。建筑立面按层
⋯分，采用由黄到绿的
⋯系列大胆的颜色。晚
⋯学校内部的光线透出
⋯使建筑成为区域的
⋯志。

㉙ 揣猎克塔
Trellick Tower

建筑师：Ernő Goldfinger
地址：Golborne Rd,
London W10 5UX
建筑类型：居住建筑
建成年代：1972 年

㉚ 威斯敏斯特学院 Naim
Dangoor 中心
Westminster Academy
at the Naim Dangoor
Centre

建筑师：Allford Hall
Monaghan Morris
(AHMM)
地址：255 Harrow Rd,
London W2 5EZ
建筑类型：教育建筑
建成年代：2007 年

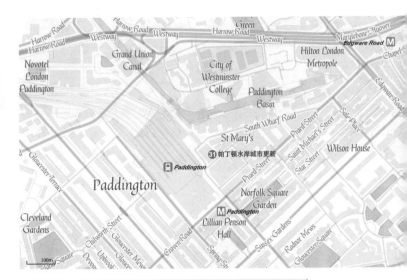

㉛ 帕丁顿水岸城市更新 ⚲
Paddington Basin
Regeneration

地址：Paddington Basin,
London, London W2 1JS
建筑类型：特色片区
建成年代：2000年至今

㉜ Hallfield 公寓
Hallfield Estate

建筑师：贝特洛·莱伯金／
Berthold Lubetkin
地址：Hallfield Estate,
London W2 6EJ
建筑类型：居住建筑
建成年代：1954年

㉝ 帕丁顿水岸办公楼
Paddington Waterside
House

建筑师：理查德·罗杰斯事务
所／Rogers Stirk Harbour &
Partners
地址：35 N Wharf Rd,
London W2 1NW
建筑类型：办公建筑
建成年代：2003年

帕丁顿水岸城市更新

帕丁顿区域位于伦敦市
中心的威斯敏斯特区，是
帕丁顿火车站所在地，区
位良好，交通方便。更
新计划在1998—2018年
间建设一个和伦敦Soho
区一样大的新城区，包
含综合体、办公等多个
独立项目。

Hallfield 公寓

该项目是伦敦在"二战"
后的最早几个现代主义
住宅项目之一，在17英
亩范围内共有15个建筑
体块。建筑单体具有几
何抽象、色彩鲜艳的立
面。网格状的抽象立面
做法是战后住宅设计中
的创新。项目最初由贝特
洛·莱伯金主持，在1950
年代由丹尼斯·拉姆顿和
Lindsay Drake 接手完成。

帕丁顿水岸办公楼

该建筑包含办公、居
住、零售等多种功能，不
同的功能分布在立面上
清晰地表达了出来。客
运电梯强调了竖向线条

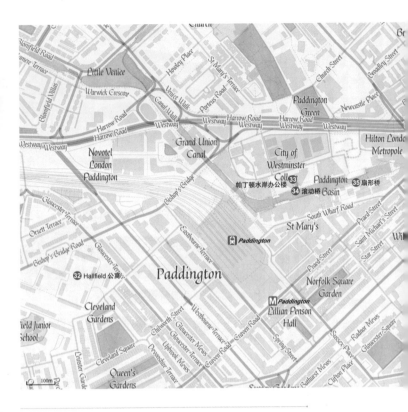

㉞ 滚动桥
Rolling Bridge

建筑师 : Heatherwick Studio
地址 : S Wharf Rd, London W2 1NW
建筑类型 : 其他 / 桥梁建筑
建成年代 : 2004 年

㉟ 扇形桥
Fan Bridge

建筑师 : Knight Architects
地址 : Paddington Basin, London, London W2 1JS
建筑类型 : 其他 / 桥梁建筑
建成年代 : 2014 年

滚动桥

设计的灵感来源于对普通通行桥设计的反思。这座特殊的人行桥卷起时是圆轮状的公共艺术品，展开后便是可供通行的桥梁。通过同一物体的不同表现状态，加强人、人工物、环境三者间的互动关系。

扇形桥

这座桥位于帕丁顿商业中心的运河上，3m 宽。桥面由五条悬臂钢梁组成。液压千斤顶的作用使其可以像扇子一样开合，形成一个动态雕塑。

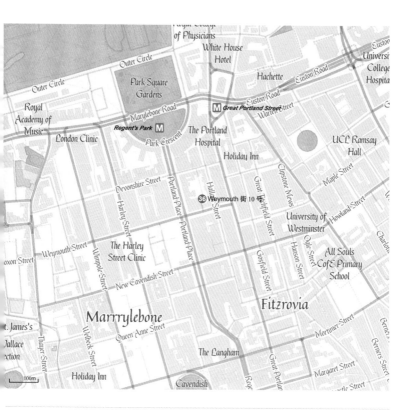

㊱ Weymouth 街 10 号
10 Weymouth Street

建筑师：Make Architects
地址：10 Weymouth St, Marylebone, London W1W 5BX
建筑类型：居住建筑
建成年代：2009 年

这是一栋由 1960 年代的住宅翻新的现代豪华公寓，包含 12 套住宅。新建筑延伸了地板，形成凸出的阳台。建筑表皮用黄铜包裹，侧面采用黄铜穿孔板。随着时间的推移，黄铜表皮的色彩将随着自然氧化而演变。

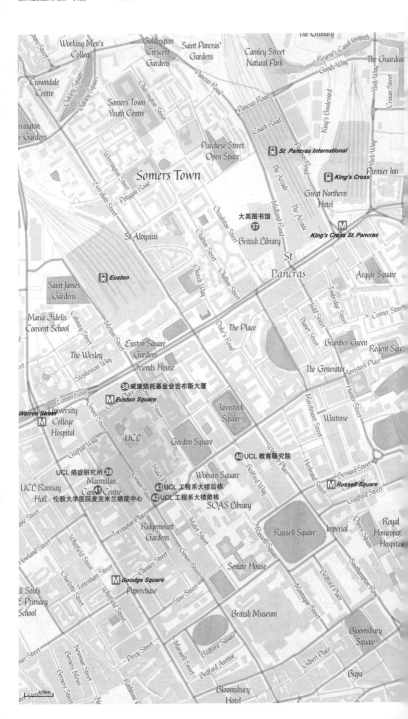

大英图书馆

大英图书馆也称为不列颠图书馆，是世界上最大的图书馆之一，共计地上9层，地下4层，整体造型及颜色与四周环境协调。遮阳的设计是其主要特色之一，不但降低能耗，也避免了阳光直射，有利于图书保护和阅览采光。它于2015年被列为一级保护建筑。

⊛ British Library

建筑师：Colin St John Wilson
地址：96 Euston Rd, London NW1 2DB
建筑类型：文化建筑
建成年代：1973年
开放时间：周一至周四 9:30am-8:00pm,
周五 9:30am-6:00pm,
周六 9:30am-5:00pm,
周日 11:00am-5:00pm

威康信托基金会吉布斯大厦

基金会的原有大楼位于该项目旁边，是一栋新古典主义风格的建筑。新建筑的设计以促进新老建筑联系以及周边公共区域和私人空间的融合为出发点。建筑高而宽的北立面面向交通繁忙的尤斯顿(Euston)路，一层空间将新建筑与现有总部相连。建筑南侧体块较低，回应街区内部尺度。开放的屋顶和中庭是餐厅空间，可以看到建筑后侧伦敦大学学院的景色。

⊛ 威康信托基金会吉布斯大厦
Gibbs Building, Wellcome Trust

建筑师：霍普金斯建筑事务所 / Hopkins Architects
地址：215 Euston Rd, London NW1 2BE
建筑类型：办公建筑
建成年代：2004年

JCL 癌症研究所

这栋大楼是欧洲生物医学的核心科研场所之一。建筑主入口紧贴邻近建筑，采用纯玻璃界面，成为视觉中心。立面的透明感表达了它作为一个开放、共享空间的姿态。

⊛ UCL 癌症研究所
University College London Cancer Institute

建筑师：格雷姆肖建筑事务所 / Grimshaw Architects
地址：72 Huntley St, London WC1E 6JD
建筑类型：教育建筑
建成年代：2007年

JCL 教育研究院

这是一个20世纪中期粗野主义建筑的典型案例，它的建筑师丹尼斯·拉斯顿爵士是英国著名现代主义建筑师，也是粗野风格的英国皇家剧院的设计师。这座建筑与周边环境的关系曾受到很大争议。

⊛ UCL 教育研究院
Institute of Education of UCL

建筑师：丹尼斯·拉斯顿 / Denys Lasdun
地址：20 Bedford Way, London WC1H 0AL
建筑类型：教育建筑
建成年代：1977年

伦敦大学医院麦克米兰癌症中心

该项目试图通过建筑的美学和功能设计重塑病人的医疗体验，通过改善治疗、康复过程提高癌症生存概率。整个设计的另一项关键出发点是成为英国可持续性医院设计的标杆。这家医院是英国最先达到BREEAM绿色建筑优秀评级的医院之一。

⊛ 伦敦大学医院麦克米兰癌症中心
University College Hospital Macmillan Cancer Centre

建筑师：霍普金斯建筑事务所 / Hopkins Architects
地址：Huntley St, London WC1E 6AG
建筑类型：医疗建筑
建成年代：2012年

㊷ UCL 工程系大楼前栋
UCL Engineering Front Building

建筑师：格雷姆肖建筑事务所 / Grimshaw Architects
地址：Torrington Pl, Bloomsbury, London WC1E 7JE
建筑类型：教育建筑
建成年代：2008 年

㊸ UCL 工程系大楼后栋
UCL Engineering Rear Building

建筑师：格雷姆肖建筑事务所 / Grimshaw Architects
地址：Malet Pl, London WC1E 7JE
建筑类型：教育建筑
建成年代：2005 年

㊹ 大英博物馆
British Museum

建筑师：Robert Smirke
地址：Great Russell St, London WC1B 3DG
建筑类型：历史建筑
建成年代：1852 年
开放时间：除周五外 10:00am–5:30pm, 周五 10:00am–8:30pm。

UCL 工程系大楼前栋

前栋与原工程大楼在各层均保持着联系。由于贴近原工程大楼，建筑后部在高度上升的同时向前形成一定倾斜，以便于获得采光，而这部分倾斜隐藏在立面中，在街道上不可见。建筑表面铺贴陶片，包裹着钢筋混凝土结构。

UCL 工程系大楼后栋

后栋是工程大楼前栋的延续。建筑为九层，主立面分为三个部分，由玻璃和陶片组成，其他立面则采用更为经济的金属材料和条形长窗。建筑室内三层开始出现一个小型的矩形中庭，一直延伸至屋顶以满足日常采光。

大英博物馆

大英博物馆是世界四大博物馆之一，也是世界上首家国立公共博物馆。它是一座规模庞大的希腊复兴风格建筑，藏品主要来自于英国 18—19 世纪的战争所得。

㊺ 大英博物馆大中庭 ❂
Great Court of the British Museum

建筑师：诺曼·福斯特事务所 / Foster & Partners
地址：Great Russell St, London WC1B 3DG
建筑类型：文化建筑
建成年代：2000 年
开放时间：除周五外 10:00am–5:30pm, 周五 10:00am–8:30pm.

㊻ 中点大厦
Centre Point

建筑师：Richard Seifert
地址：103 New Oxford St, London WC1A 1DD
建筑类型：办公建筑
建成年代：1966 年

㊼ 中央圣吉尔斯大厦
Central St. Giles

建筑师：伦佐·皮亚诺 / Renzo Piano
地址：1 St. Giles High St, London WC2H 8AG
建筑类型：办公建筑
建成年代：2010 年

大英博物馆大中庭

大英博物馆中庭为福斯特主持的加建部分，是欧洲最大的有顶广场，采用 3312 块特殊形状的玻璃组成玻璃屋顶。大中庭的设计体现了谨慎保护历史建筑的理念。中央的圆形阅览室经过精心修复，外墙以石材覆盖。

中点大厦

该建筑是伦敦首批摩天大楼之一，高 117m，共 34 层，采用粗野主义风格，被列为二级保护建筑。建筑包括两部分，通过一层的公共空间联系到一起。大厦建成后经历了长期闲置，2005 年经历一次翻新，2015 年开始由办公楼改造为豪华住宅。

中央圣吉尔斯大厦

建筑位于一条中世纪街道上，基地周围传统建筑与现代建筑共存。办公楼采用不同大小、高低的体块，不同颜色的表面面对四周不同的环境，以此巧妙地将一组大体量建筑融合进街区当中，并为周边地区带来活力。

④ 利柏堤百货公司
Liberty of London

建筑师：Edwin T. Hall +
Edwin S. Hall
地址：Regent St, London
W1B 5AH
建筑类型：商业建筑
建成年代：1924 年

④ 摄影师画廊
Photographers Gallery

建筑师：O'Donnell &
Tuomey Architects
地址：16-18 Ramillies St,
London W1F 7LW
建筑类型：文化建筑
建成年代：2012 年

⑤ 牛津街 61 号
61 Oxford Street

建筑师：Allford Hall
Monaghan Morris (AHMM)
地址：61 Oxford St, Soho,
London W1D 2EH
建筑类型：商业建筑
建成年代：2015 年

利柏堤百货公司

商场位于繁华的商业街路口，是典型的都铎复兴风格建筑。区别于周围颜色单一、体量厚重的石砌建筑，该建筑外表黑白相间，尖屋顶和立面上起伏的凸窗增添了立体感。建材中的木料来自于两个古老海军船只，木材的古朴为室内空间带来温暖和优雅。

摄影师画廊

画廊坐落在伦敦的核心商业地带，改造自一座五层高的红砖仓库。建筑形体为六层高的不规则立方体，这样的形体设计一方面是由于受到场地制约，另一方面可作为标识吸引人群。建筑设计力求使游客可以看到画廊的每一个部分。

牛津街 61 号

其造型受芬兰建筑师阿尔瓦·阿尔托在 1930年代流动立面做法的影响，整个边缘界面由曲面玻璃构成。建筑分为上下两部分，下部为商铺，上部为住宅与办公区，通过曲面界面的前后错动进行区分。在住区转角处高起的玻璃墙则强调了路口的位置。

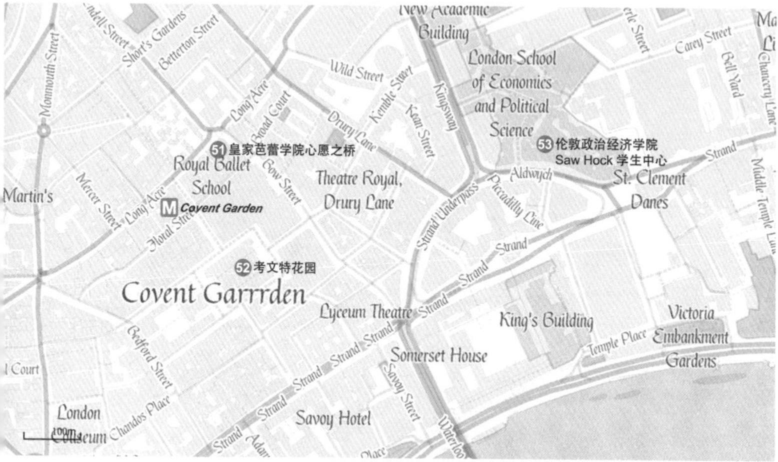

皇家芭蕾学院心愿之桥

亥建筑在考文特花园附近约花街（Floral Street）上空，桥形建筑为皇家芭蕾舞学校的舞者提供了与另一侧皇家歌剧院的直接联系。建筑用铝质排架支撑，并形成空中的旋转体，呼应了舞蹈的流动和优雅。

考文特花园

考文特花园是伦敦时尚、艺术、文化、生活的缩影，由始自16世纪的水果蔬菜市场改造而来，散乱和热烈是考文特花园的独有气质。如今的考文特花园市场分为三部分，分别名为“苹果市场”、“东柱廊市场”以及“朱比利市场”。

伦敦政治经济学院 Saw Hock 学生中心

建筑立面呈折面状，形成与自身场地和周边中世纪风格街道独特的几何关系。外立面采用镂空的多孔砖面，既能在白天将光线带入室内，也能在晚上将室内光线反射出去，产生有趣的效果。建筑中央螺旋状主楼梯扭动上升，形成了多角度的师生互动平台并穿越整个楼内空间。

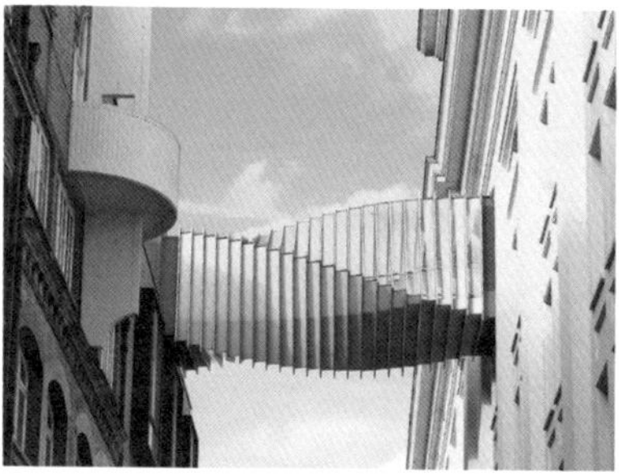

(51) 皇家芭蕾学院心愿之桥
Bridge of Aspiration, Royal Ballet School

建筑师：Wilkinson Eyre Architects
地址：46 Floral St, London WC2E 9DA
建筑类型：文化建筑
建成年代：2003 年

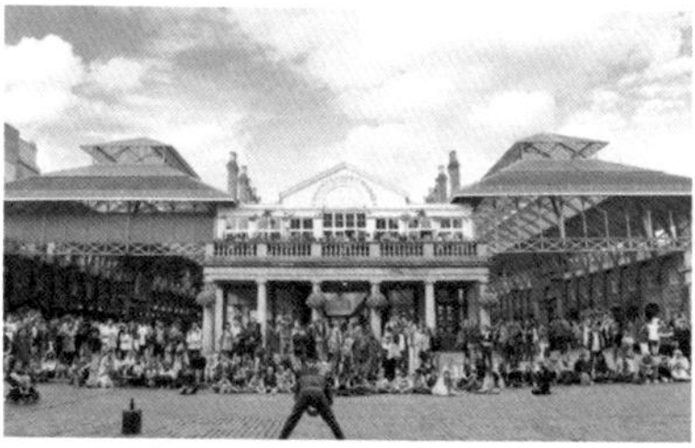

(52) 考文特花园
Covent Garden

地址：London WC2E 8BE
建筑类型：特色片区
建成年代：1830 年，2004 年修缮

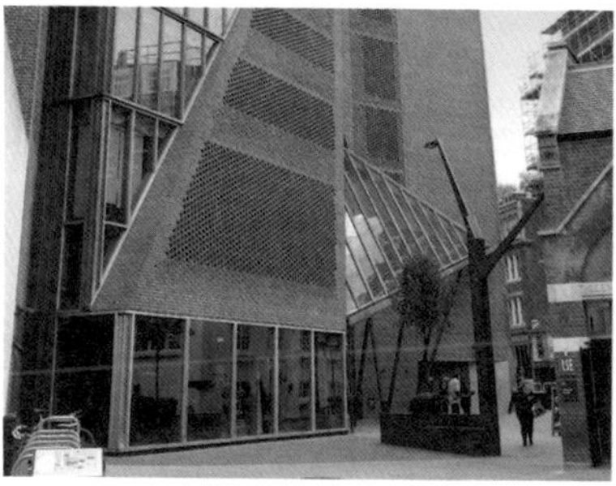

(53) 伦敦政治经济学院 Saw Hock 学生中心
LSE Saw Hock Student Centre

建筑师：O'Donnell & Tuomey Architects
地址：Houghton St, London WC2A 2AE
建筑类型：教育建筑
建成年代：2013 年

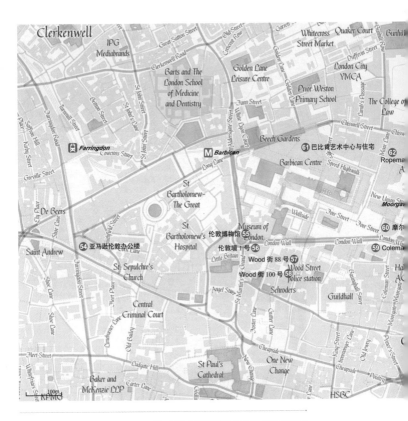

⑤④ 亚马逊伦敦办公楼
Amazon London

建筑师：KPF 建筑设计事务所
地址：60 Holborn Viaduct,
London EC1A 2FD
建筑类型：办公建筑
建成年代：2013 年

亚马逊伦敦办公楼

建筑外立面由一系列曲
线构成，由地面延续到
屋顶。建筑的一、二层
作为公共区域，三层以
上有统一的中庭，为室
内引入充足的自然光。

⑤⑤ 伦敦博物馆
Museum of London

建筑师：Powell & Moya
地址：150 London Wall,
London EC2Y 5HN
建筑类型：文化建筑
建成年代：1976 年
开放时间：每天 10:00am–
6:00pm.

伦敦博物馆

该项目是世界最大的城
市历史博物馆，由早期的
市政厅博物馆和伦敦博
物馆于"二战"后合并而
成。建筑主体是一个白色
的体块，室内空间以黑色
作为主色调，突出展品
本身。如今该馆计划迁
至伦敦西史密斯菲尔德
（West Smithfield），新
馆预计于 2021 年建成。

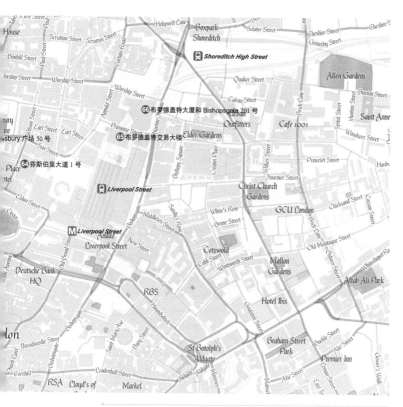

伦敦墙 1 号

建筑在场地北边界处形成一个流动的曲面以柔化空间边界。整个建筑主要分成上下两个部分，上部为办公区，下部为公共区域。入口以两个高大的圆柱玻璃大厅作为引导标志。

Wood 街 88 号

大厦秉承了罗杰斯一贯的高技派风格，将电梯等交通服务空间置于建筑外部，从而得到底层开放公共空间。建筑被分为三个阶梯式的体量，每一部分均设有一个空中花园俯瞰伦敦金融城。屋顶上的光电板能够监测光照强度，从而自动调整百叶窗的角度，以保证室内气温保持在适宜水平。

🄼 伦敦墙 1 号
No.1 London Wall

建筑师：诺曼·福斯特事务所 / Foster & Partners
地址：1 London Wall, London EC2Y 5JU
建筑类型：办公建筑
建成年代：2003 年

🄼 Wood 街 88 号
88 Wood Street

建筑师：理查德·罗杰斯事务所 / Rogers Stirk Harbour & Partners
地址：88 Wood St, London EC2V 7RS
建筑类型：办公建筑
建成年代：1998 年

㊽ Wood 街 100 号
100 Wood Street

建筑师：诺曼・福斯特事务所
/ Foster & Partners
地址：100 Wood St,
London EC2V 7AN
建筑类型：办公建筑
建成年代：2000 年

㊾ Coleman 街 1 号
1 Coleman Street

建筑师：David Walker
Architects
地址：1 Coleman St,
London EC2R 5BG
建筑类型：办公建筑
建成年代：2007 年

㊿ 摩尔大楼
Moor House

建筑师：诺曼・福斯特事务所
/ Foster & Partners
地址：120 London Wall,
London EC2Y 5ET
建筑类型：办公建筑
建成年代：2005 年

Wood 街 100 号

建筑以不同形态对应两
侧不同的街区。建筑在
西侧以曲面的形态面对
曾经的教堂后院，东侧
延续网格状道路的保守
立面。底层倾斜的列柱
在形式上呼应传统教堂
的庭院廊道，可供行人
穿行。

Coleman 街 1 号

建筑立面由预制混凝土
板与大面积玻璃窗以一
定角度拼合形成强烈的
立体感与序列感。这是
伦敦第一个在主体结构
中使用再生骨料的大型
项目，再生材料占到了
混凝土总量的约 50%。

摩尔大楼

作为街区更新中的地标
性建筑，该项目以谦逊
的态度将曲面形态的内
立面面向窗口，曲面的
分缩进的尺度回应了建
筑对面小尺度的现有建
筑。大楼的服务功能集中
在内部核心筒中，以此
解放建筑的外围空间，增
强与城市外部环境的视
线关系。

③ 巴比肯艺术中心与住宅 ⚲
Barbican Centre and
Barbican Estate

建筑师：Chamberlin,
Powell & Bon
地址：Silk St, London EC2Y
8DS
建筑类型：特色片区
建成年代：1960-1980 年代

㉜ Ropemaker 大厦
Ropemaker Place

建筑师：奥雅纳工程咨询／
Arup Associates
地址：25 Ropemaker St,
London EC2Y 9LY
建筑类型：办公建筑
建成年代：2009 年

㉝ Finsbury 广场 50 号
50 Finsbury Square

建筑师：诺曼·福斯特事务所
／ Foster & Partners
地址：50 Finsbury Sq,
London EC2A 1HD
建筑类型：办公建筑
建成年代：2001 年

巴比肯艺术中心与住宅

"巴比肯"意译为"瓮城"，其所在位置原来是伦敦城的古城门之一。艺术中心是由多个部分组成的庞大建筑群，包括一个中心音乐厅、两个剧院、三个电影院、两个艺术画廊、一所艺术学院和一个公共图书馆。紧邻艺术中心的巴比肯住宅区则是世界上最大的住宅公寓区。整个巴比肯建筑组团占地 14 万平方米，是粗野主义风格的代表作之一。

Ropemaker 大厦

建筑坐落在两种迥异的城市环境的交界处。为与环境呼应，朝向伦敦金融城的一侧采用玻璃幕墙打造大楼入口，另一侧采用四个阶梯状的体块，每个体块顶部都作为屋顶花园。倾斜式的玻璃幕墙可起到节约制冷能耗的作用。

Finsbury 广场 50 号

建筑在形态、体量和材料的使用上均保持了对片区和城市的尊重。建筑的高度保证了望向圣保罗大教堂的视野，立面呼应了传统建筑的比例和层次，建筑材料与周边建筑保持一致。

Note Zone

㉞ **芬斯伯里大道 1 号**
1 Finsbury Avenue

建筑师：奥雅纳工程咨询／
Arup Associates
地址：1 Finsbury Ave,
London EC2M 2PF
建筑类型：办公建筑
建成年代：1988 年

㉟ **布罗德盖特交易大楼** ○
The Broadgate
Exchange House

建筑师：SOM 建筑设计事
务所
地址：212 Primrose St,
London EC2A 2HS
Bishopsgate, London EC2
建筑类型：办公建筑
建成年代：1990 年

㊱ **布罗德盖特大厦和**
Bishopsgate 201 号
The Broadgate
Tower and 201 Bishopsgate

建筑师：SOM 建筑设计事务
所
地址：201 Bishopsgate,
London EC2A 2EW
建筑类型：办公建筑
建成年代：2008 年

芬斯伯里大道 1 号

该项目在英国办公楼设计中具有里程碑式的意义，被列为二级保护建筑。它被评论为"证明大型办公建筑也可呈现出优雅、精致、丰富的效果"。建筑采用模块化钢结构，围绕一个通高的玻璃中庭组织空间，这在 1980 年代早期也是一项极大的创新。建筑立面使用遮阳板调节采光。圆柱形的交通体量打破了建筑规整的外形。建筑的外部场地设置了下沉广场增加市民活动。

布罗德盖特交易大楼

十层半封闭的办公空间由一个朝南的中庭相连接。中庭四个透明电梯提供建筑内的主要交通，在电梯中可以看到整个城市的景观。临街的立面看上去十分高大又精细。

布罗德盖特交易大楼和
Bishopsgate 201 号

该项目致力于改善商业区的公共空间。建筑师在两座建筑间设置了一个斜向顶盖的公共廊道，廊道两旁布置商业和绿化营造公共空间。建筑立面玻璃幕墙采用几何形的斜交钢支架结构。

彭博社新总部／诺曼·福斯特事务所

St. Sepulchre's Church

Central Criminal Court

Wood Street police station

Schroders

Guildhall

⑥⑨ Gresham 街 10 号

Ⓜ *St. Paul's*

⑦⓪ 主祷文广场

⑦① 主祷文广场通风口

St Paul's Cathedral

圣保罗大教堂 ⑦②

⑦③ One New Change 商业综合体

One New Change

Cheapside

Cheapside

Bank Ⓜ

⑥⑧ Poultry 街 1 号

⑦④ 伦敦金融城游客信息中心

Salvation Army HQ

⑦⑤ Bracken 大厦

HSBC

罗斯柴尔德投资银行总部 ⑦⑥

⑥⑦ 彭博社新总部

⑦⑦ Walbrook ⅄

Cleary Gardens

Ⓜ *Mansion House*

⑦⑧ Bush

⑦⑨ 坎农街火车站

Cannon Street Ⓜ 🚇

⑨① 千禧桥

Shakespeare's Globe

莎士比亚环球剧院重建 ⑨②

⑨③ 泰特现代美术馆

Tate Modern

Lloyds Banking Group

Hopton's Gardens

⑨④ NEO Bankside 大楼

⑨⑦ 博罗市场

Borough Market

Bear Lane 住宅 ⑨⑤

Novotel

⑨⑥ Palestra 大厦

Ⓜ *Southwark*

Red Cross Garden

King's Colle London, Gu Campus

Blackfriars Crown Court

Mint Street Park

Borough

St Georges Gardens

Friars Primary School

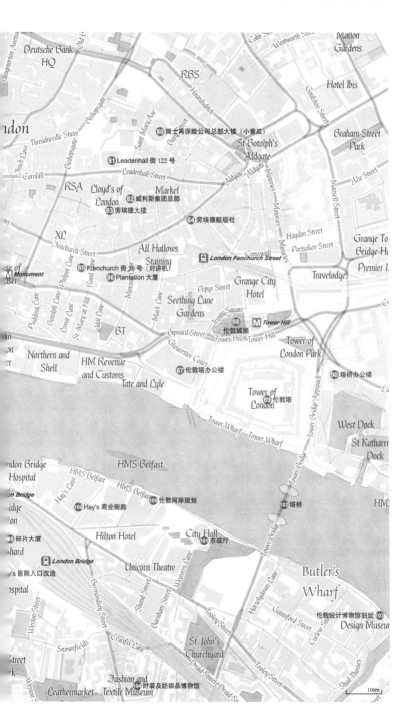

Deutsche Bank HQ

RBS

Malton Gardens

Hotel Ibis

Graham Street Park

ndon

Threadneedle Street

Bishopsgate

Houndsditch

Goulston Street

80 瑞士再保险公司总部大楼（小黄瓜）

St Botolph's Aldgate

Alie Street

Finch Lane

81 Leadenhall 街 122 号

Cornhill

Leadenhall Street

Aldgate

Aldgate

Mansell Street

RSA

Lloyd's of London

Markel

82 威利斯集团总部

Minories

Minories

Grange To Bridge Ho

83 劳埃德大楼

84 劳埃德船级社

Haydon Street

Portsoken Street

Premier I

XL

Fenchurch Street

All Hallows Staining

London Fenchurch Street

Crosswall

Travelodge

se of ser

Monument

85 Fenchurch 街 20 号（对讲机）

Grange City Hotel

86 Plantation 大厦

Pepys Street

Pudding Lane

Botolph Lane

Philpot Lane

Lovat Lane

St. Mary at Hill

Idol Lane

Mincing Lane

Mark Lane

Seething Lane Gardens

Trinity Square

88 伦敦城墙

Tower Hill

BT

Cyward Street

Tower Hill Tower Hill

Tower of London Park

Gloucester Court

on er

Northern and Shell

HM Revenue and Customs

87 伦敦塔办公楼

Tate and Lyle

Tower of London

90 塔桥办公楼

89 伦敦塔

Tower Wharf

Tower Wharf

West Dock

St Katharin Dock

ndon Bridge Hospital

HMS Belfast

HMS Belfast

Hay's Lane

HMS Belfast

105 伦敦河岸规划

102 塔桥

HM

h Bridge

idge on

100 Hay's 商业街廊

Hilton Hotel

City Hall

101 市政厅

8 碎片大厦

hard

London Bridge

Unicorn Theatre

Butler's

/'s 医院入口改造

ospital

Shand Street

Weavers Lane

Wharf

Horselydown Lane

伦敦设计博物馆旧址 103

Design Museum

Weston Street

Bermondsey Street

Barnham Street

Gainsford Street

Carlow Street

Tooley Street

Snowsfields

Crucifix Lane

St. John's Churchyard

Druid Street

Tooley Street

Shad Thames

treet k

Leathermarket

Fashion and Textile Museum

104 时装及纺织品博物馆

Weston St

Druid St

100m

⑥ 彭博社新总部 ✓
Bloomberg's European
Headquarter

建筑师：诺曼·福斯特事务所
/ Foster & Partners
地址：3 Queen Victoria St,
London EC4N 4TQ
建成年代：2018 年
建筑类型：办公建筑

⑧ Poultry 街 1 号 ✓
No.1 Poultry

建筑师：詹姆斯·斯特林 /
James Stirling
地址：1 Poultry, London
EC2R 8JR
建成年代：1997 年

⑨ Gresham 街 10 号
10 Gresham Street

建筑师：诺曼·福斯特事务所
/ Foster & Partners
地址：10 Gresham St,
London EC2V 7JD
建筑类型：办公建筑
建成年代：2003 年

彭博社新总部

项目采用两个体量，中间形成一条公共行人通道（名为"彭博廊道"），使人回想起此处曾经存在的罗马时代古道路。建筑立面采用黄色砂岩作为框架，配以整层高的"鱼鳍状"铜制遮阳板，遮阳板的大小、密度随朝向、层高改变，带来视觉上的秩序和节奏，并形成一套立面通风系统。整座建筑的节能性达到 BREEAM 绿色建筑最高评级，是全球现有大型办公建筑中唯一达到此评级的。

Poultry 街 1 号

这座后现代风格建筑是英国著名建筑师斯特林的最后一项建成作品，它于 1985 年设计完成，却直到斯特林去世后的第□年才才建成。虽然斯特林本人拒绝被贴上"后现代"标签，圆柱形中庭、三角形天井、天井的彩色墙面、条带装饰的外立面、潜艇造型的钟楼等色彩和形体仍呈现了一种孩童般的风格。

Gresham 街 10 号

该建筑坐落于历史街区当中，设计旨在尊重周边地区的建筑历史与材料运用。为强化传统街道的格局，建筑在南侧退后了一段距离，低调姿态回应场地原有建筑，同时在邻近建筑之间形成了一条通道，作为公共休息区。建筑内部是传统的核心筒空间布局模式，四角的楼梯塔形成视线高点。

⑦ 主祷文广场 ⊘
Paternoster Square

建筑师 : William Whitfield
地址 : Paternoster Sq,
London EC4M 7DX
建筑类型 : 特色片区
建成年代 : 2003 年

主祷文广场

主祷文广场毗邻圣保罗
大教堂，曾遭严重破
坏，1996 年 William
Whitfield 爵士进行了重
建的总体规划。周围的
现代建筑统一保持了低
调内敛的风格。现主要
为包括伦敦证券交易所
在内的多家金融机构的
驻地。

主祷文广场通风口

这是一个充当地下变电
站通风口的雕塑作品，由
于其形状又被称为"天
使之翼"。它由几十块形
大各异的等腰三角形不
锈钢板焊接而成，并经
过磨砂处理。

圣保罗大教堂

圣保罗大教堂是世界第
二大圆顶教堂，最早在
604 年建立，后经多次毁
坏、重建。现在所看到
的教堂是伦敦大火后于
17 世纪末建造，由英国
著名建筑师雷恩设计。圣
保罗大教堂覆有巨大穹
顶，塔顶是眺望伦敦市
区的绝佳地点。1981 年
戴安娜王妃与查尔斯王
子的婚礼大典就在这里
举行。

⑦ 主祷文广场通风口
Paternoster Vents

建筑师 : Heatherwick
Studio
地址 : 5 Ave Maria Ln,
London EC4M 7AQ
建筑类型 : 其他
建成年代 : 2002 年

ne New Change
商业综合体

由于紧邻圣保罗大教
堂，建筑有严格的限高
要求，因此主要体量水
平铺开，建筑内设计有
多条相交的内街，其中
一条正对圣保罗教堂的
屋顶轴线。现代感的材
料与几何形体和教堂的
历史感形成强烈对比，大
量渐变玻璃的使用使得
建筑界面趋于隐形，在
阳光中呈现出模糊的边
界。建筑表皮共计使用
300 块玻璃，包含 4300
种不同形状。

⑦ 圣保罗大教堂
St. Paul's Cathedral

建筑师 : 克里斯托弗·雷恩 /
Christopher Wren
地址 : St. Paul's
Churchyard, London
EC4M 8AD
建筑类型 : 宗教建筑
建成年代 : 17 世纪末

**⑦ One New Change
商业综合体 ⊘**
One New Change

建筑师 : 让·努维尔 / Jean
Nouvel
地址 : 1 New Change,
London EC4M 9AF
建筑类型 : 商业建筑
建成年代 : 2010 年

One New Change 与圣保罗大教堂

⑭ 伦敦金融城游客信息中心
City of London
Information Centre

建筑师：Make Architects
地址：St. Paul's
Churchyard, London
EC4M 8BX
建筑类型：文化建筑
建成年代：2007年

⑮ Bracken 大厦
Bracken House

建筑师：霍普金斯建筑事务
所／Hopkins Architects
地址：1 Friday St, London
EC4M 9BT
建筑类型：办公建筑
建成年代：1992年

⑯ 罗斯柴尔德投资银行总部
Rothschild Bank
Headquarters

建筑师：大都会建筑设计事
务所 +Allies and Morrison
Architects / OMA + Allies
and Morrison Architects
地址：St. Swithin's Ln,
London EC4N 8AL
建筑类型：办公建筑
建成年代：2011年

伦敦金融城游客信息中心

游客中心位于圣保罗大教堂对面，简洁有力的线条与周围环境形成对比。三角形的布局来自于对场地周边主要人行道的人流分析，而建筑的朝向与轮廓则与对面的圣保罗大教堂形成微妙的对照。倾斜的屋顶有利于雨水的收集与再利用。

Bracken 大厦

建筑东立面充满历史感。而北立面的钢框架全玻璃凸窗充满现代建筑的表现手法，其韵律感又呼应了周边环境的古典气质，与东立面形成对比又不冲突。

罗斯柴尔德投资银行总部

该建筑毗邻圣斯蒂芬·沃尔布鲁克（St. Stephen Walbrook）教堂，因此采用与教堂相似的高度比例增强新旧建筑的联系。建筑形体由立方体堆叠而成，首层的立方体被提升高度，以增加人行道的宽度，同时打通通向教堂和教堂庭院的视觉通道。

Note Zone

⑰ Walbrook 办公楼
The Walbrook

建筑师：诺曼·福斯特事务所
/ Foster & Partners
地址：Walbrook, London
EC4N 8AF
建筑类型：办公建筑
建成年代：2010 年

Walbrook 办公楼

该项目在建造之时是伦敦市中心最大的开发项目之一，占地1.6英亩。大楼外立面采用玻璃纤维增强塑料（FRP）并覆以车用漆，具有极强的工业感。FRP 强度高、重量轻，同等重量下比钢和混凝土有更好的耐受力，通常用于航空、汽车和海运业。大楼外墙还装有遮阳板，改善了建筑能效。

⑱ Bush Lane 大楼
Bush Lane House

建筑师：奥雅纳工程咨询／
Arup Associates
地址：80 Cannon St,
London EC4N 6AE
建筑类型：办公建筑
建成年代：1976 年

Bush Lane 大楼

在项目建设之初办公楼下部曾规划有地铁通过，为应对地基问题，建筑坐落在四对巨大的圆柱上。由于地基方面的限制和支柱位置的约束，建筑主体采用悬臂式结构并结合全高的对角钢管框架结构。钢管框架使得建筑内部的空间完全解放。钢管结构采用水冷技术进行保护。但项目建成后地铁进行了改线，实际下部并未有地铁通过。

⑲ 坎农街火车站综合体
Cannon Place

建筑师：奥雅纳工程咨询 +
Foggo Associates/Arup
Associates + Foggo
Associates
地址：Cannon Street
Station, London EC4N
6AP
建筑类型：交通建筑
建成年代：2011 年

坎农街火车站综合体

该项目面临复杂的基地规划限制：由于临近圣保罗教堂，建筑高度被限制为 32m，建筑下部有地铁通过以及一处罗马花园遗迹。为应对这些限制，Foggo 事务所采用了一套令人印象深刻的巨型钢结构体系，使得整个大楼呈现出浮于地铁站上方的效果，这一结构体系也使得办公楼内部无须柱子支撑。

⑧⑩ **瑞士再保险公司总部大楼**
　　（小黄瓜） ✿
　　**Swiss Re Headquarters
　　(the Gherkin)**

建筑师：诺曼·福斯特事务所
/ Foster & Partners
地址：30 St. Mary Axe,
London EC3A 8EP
建筑类型：办公建筑
建成年代：2004 年

⑧① **Leadenhall 街 122 号** ✿
　　122 Leadenhall Street

建筑师：理查德·罗杰斯事务
所 / Rogers Stirk Harbour &
Partners
地址：122 Leadenhall St,
London EC3V 4AB
建筑类型：办公建筑
建成年代：2002 年

⑧② **威利斯集团总部**
　　Willis Headquarters

建筑师：诺曼·福斯特事务所
/ Foster & Partners
地址：51 Lime St, London
EC3M 7DQ
建筑类型：办公建筑
建成年代：2007 年

Note Zone

**瑞士再保险公司总部大
楼（小黄瓜）**

该项目是伦敦第一座高
层生态建筑，由于其外
形被绰号为"小黄瓜"。建
筑整体采用流线型体
量，一是为避免由于气
流作用而在建筑周边形
成的强风，二是对建筑
周围气流产生引导，通
过可开启内庭幕墙（立
面上的螺旋暗色条带）捕
获，实现自然通风。建
筑结构采用内部核心筒
与立面斜交网格体系相
结合的模式。

Leadenhall 街 122 号

该设计的主要考虑之一
是保护圣保罗大教堂与
周边地区之间的视线关
系，建筑倾斜的形态保
证了能从里士满公园
（Richmond Park）的山
坡上看到大教堂，也因
此被取绰号为"奶酪刨
大厦"。不同于高层建筑
的传统核心筒结构，该
建筑采用了巨型钢框架
支撑固定，在其建造之
时是世界上采用这类结
构的最高建筑。建筑底
层向公众开发，延伸了
旁边的广场。

威利斯集团总部

整个建筑体量被分解关
3 个连续跌落的弯曲形
体，并形成两个俯瞰广
场的屋顶花园。建筑的二
部分采用 3 个中心核，形
成上下的视觉通廊。

Note Zone

劳埃德大楼

该建筑是罗杰斯继巴黎蓬皮杜艺术中心后又一结构主义高技派作品。整个建筑形态由一系列长方体体块呈阶梯状分布，六个塔楼容纳了楼梯、电梯及各种管线设备，使得核心使用空间得到解放，开阔的空间可以根据使用进行灵活布置。

劳埃德船级社

为应对扩大视野、保护传统街区风貌、营造城市公共空间等需求，该项目采用了三个细长体块，围合出一个庭院空间。两个较高的体块采用玻璃界面，最大限度地为室内提供光照和良好视野。较低的体块则保留老式建筑立面，与周边旧街区形成呼应。玻璃和钢材料的应用使这一建筑区别于街区中其他混凝土建筑。

Frenchurch 街 20 号（对讲机）

该项目采用不同于一般办公楼的形态，将楼板在建筑的顶部与底部加宽，在上部楼层创造出更多的办公空间，并在屋顶形成了一个大型公共空中花园。由于这一形态，大楼被昵称为"对讲机大厦"。但由于美观、光反射、风环境等方面的问题，这座建筑在建成后饱受批评，甚至被评为"英国最差建筑"。

㉝ **劳埃德大楼** ✪
Lloyd's Building

建筑师：理查德·罗杰斯事务所／ Rogers Stirk Harbour & Partners
地址：1 Lime St，London EC3M 7HA
建筑类型：办公建筑
建成年代：1986 年

㉞ **劳埃德船级社**
Lloyd's Register

建筑师：理查德·罗杰斯事务所／ Rogers Stirk Harbour & Partners
地址：71 Fenchurch St，London EC3M 4BS
建筑类型：办公建筑
建成年代：2000 年

㉟ **Frenchurch 街 20 号（对讲机）**
20 Frenchurch Street (the Walkie-Talkie)

建筑师：拉菲尔·维诺里事务所／ Rafael Vinoly Architects
地址：20 Fenchurch St，London EC3M 1DT
建筑类型：办公建筑
建成年代：2014 年

⑧⑥ Plantation 大厦
Plantation Place

建筑师：奥雅纳工程咨询／
Arup Associates
地址：30 Fenchurch St,
London EC3M 3BD
建筑类型：办公建筑
建成年代：2004 年

⑧⑦ 伦敦塔办公楼
Tower Place

建筑师：诺曼·福斯特事务所
／ Foster & Partners
地址：Tower Place,
London EC3R 5BU
建筑类型：办公建筑
建成年代：2002 年

⑧⑧ 伦敦城墙
London Wall

地址：Tower Hill, London
EC3N 4DJ
建筑类型：历史建筑
建成年代：始建于公元 2 世纪
末 −3 世纪初

⑧⑨ 伦敦塔
Tower of London

地址：St. Katharine's &
Wapping, London EC3N
4AB
建筑类型：历史建筑
建成年代：始建于 11 世纪

⑨⑩ 塔桥办公楼
Tower Bridge House

建筑师：理查德·罗杰斯事务
所／ Rogers Stirk Harbour &
Partners
地址：2 St. Katharine's
Way, London E1W 1AA
建筑类型：办公建筑
建成年代：2005 年

Plantation 大厦

该建筑占据了一整个街区。整体体量的最高处设在毗邻高层建筑群的一侧，另一侧向上逐级收缩，形成退台花园。大片玻璃幕墙的使用降低了建筑的体量感。

伦敦塔办公楼

该建筑总体呈三角形布局，分为两个区域，由玻璃中庭连接，以呼应伦敦金融城的中世纪小地块格局。大面积的玻璃中庭打通了周边的观景廊道，并在旁边的万圣教堂（All Hallows by the Tower）前方形成新的广场。

伦敦城墙

伦敦城墙始建于古罗马帝国时代。此后的一千多年，一直发挥着积极的防御作用。现代城市的扩张和第二次世界大战破坏了大部分城墙，被包入附近建筑物的城墙才得以保存至今。

伦敦塔

伦敦塔城堡是英国标志性的城堡要塞。詹姆斯一世（1566-1625 年）是将其作为宫殿居住的最后一位统治者。此后，伦敦塔曾作为国库、军械库、天文台甚至监狱。1988 年城堡被列为世界文化遗产。

塔桥办公楼

建筑以全玻璃的一面面向塔桥，使建筑室内与塔桥产生视线关系。建筑体量中伫立的高塔标识出面向码头和塔桥的入口位置。建筑北侧和南侧的扶梯紧密联系在一起，创造出具有纵深感和层次感的空间。建筑底部的公共空间连通了车站到码头的路径，激活了塔桥附近公共空间的联动。

千禧桥

千禧桥是泰晤士河上唯一的步行桥。桥梁跨度320m，采用悬索结构，两端由 Y 形金属桥墩支撑，八根钢索挂在桥墩之间，从而保证钢索不会高过桥板遮挡行人视线。整座桥造型柔美纤细，连接起两岸的圣保罗大教堂和泰特现代美术馆。

莎士比亚环球剧院重建

重建后的剧场是典型的伊丽莎白时期建筑，采用草屋顶结构，忠实再现了剧场的原本风貌。建筑位于圣保罗教堂对面，主要展示莎士比亚及其同时代剧作家的优秀作品，包括剧场、艺术教育、展览三个主要功能。

泰特现代美术馆

泰特现代美术馆由发电站改造而来，是泰晤士河南岸复兴的重点项目之一。发电站原先的锅炉建筑被改造为美术馆、学习工作室和社会活动空间，涡轮大厅被改造为大型公共开敞空间，承载特殊节庆活动。2016年，原发电站的开关楼被进一步改造扩建，为美术馆增加了 60% 的空间。改造后的开关楼是一个扭转的矩形体块，采用钢混结构，表皮则用砖和玻璃的组合营造出镂空效果，材料和颜色呼应主楼。

NEO Bankside 大楼

四栋六角形建筑分散在充满设计感的园林之中。建筑将桁架钢结构暴露在外，部分钢架为呼应附近的黑衣修士桥（Blackfriars）被处理为红色。

㉛ 千禧桥 ◐
Millennium Bridge

建筑师：奥雅纳工程咨询 +
诺曼·福斯特事务所 +
Anthony Caro ／ Arup
Associates+Foster &
Partners+Anthony Caro
地址：Thames
Embankment, London
SE1 9JE
建筑类型：其他／桥梁建筑
建成年代：2000 年

㉜ 莎士比亚环球剧院重建
Reconstruction of
Shakespeare's Globe
Theatre

建筑师：Theo Crosby
地址：21 New Globe Walk,
London SE1 9DT
建筑类型：文化建筑
建成年代：1997 年

㉝ 泰特现代美术馆 ◐
Tate Modern

建筑师：赫尔佐格与德梅隆／
Herzog & de Meuron
地址：Hopton St, London
SE1 9TG
建筑类型：文化建筑
建成年代：主楼完成于 2000
年，开关楼完成于 2016 年

㉞ NEO Bankside

建筑师：理查德·罗杰斯事务
所／ Rogers Stirk Harbour &
Partners
地址：70 Holland St,
London SE1 9NX
建筑类型：居住建筑
建成年代：2012 年

❸❺ Bear Lane 住宅
Bear Lane

建筑师 : Panter Hudspith
Architects
地址 : Bear Ln，London SE1
0UH
建筑类型 : 居住建筑
建成年代 : 2009 年

❸❻ Palestra 大厦
Palestra House

建筑师 : Alsop Architects
地址 : 197 Blackfriars Rd,
London SE1 8NJ
建筑类型 : 办公建筑
建成年代 : 2006 年

❸❼ 博罗市场 ✔
Borough Market

地址 : 8 Southwark St,
London SE1 1TL
建筑类型 : 特色片区
建成年代 : 1850 年代

Bear Lane 住宅

该项目包括约 90 个住宅
单元，底层是零售和办
公区域。设计回应了场
地周边维多利亚风格仓
库建筑的尺度与建筑语
言，整个建筑形体由许
多小盒子堆砌而成，像
是堆积起来的集装箱，使
独立单元的住宅空间前
互相组合出丰富的变化。

Palestra 大厦

建筑由三个相互联系的
体量构成。下部的体量
距地面 6m，使入口处形
成活跃的公共空间。下
部和上部体块通过形状
和颜色被区分开来，下
部体块的每块玻璃都有
1/3 被涂以彩色，形成色
彩丰富的拼接。

博罗市场

博罗市场最早于 13 世纪
见诸记载，也有说法认
为市场早在 11 世纪就已
存在。如今的市场建于
1850 年代，采用装饰艺
术风格，是伦敦规模最
大、历史最悠久的食品
市场。

Note Zone

98 碎片大厦 ⊘
The Shard

建筑师：伦佐·皮亚诺／
Renzo Piano
地址：32 London Bridge
St，London SE1 9SG
建筑类型：办公建筑
建成年代：2012 年

碎片大厦

碎片大厦在建成时是全
欧洲第二高的大厦，共
309m，内部包含办公、居
住、餐厅、酒店和观景
步道等多种功能。大厦
形态上窄下宽，有数个
不同角度向内倾斜的玻
璃面在顶部交错，造型
灵感来自于教堂尖顶和
泰晤士河上的船舶桅杆。

99 Guy's 医院入口改造
Guy's Hospital

建筑师：Heatherwick
Studio
地址：Great Maze
Pond，London SE1 9RT
建筑类型：医疗建筑
建成年代：2002 年

Guy's 医院入口改造

这处入口设计是 Guy's
医院周边改造计划的一
部分，其他改造包括加
宽人行道、重新规划单
车道系统、增加标志物
和照明。Heatherwick
设计的不锈钢编织网包
裹着为医院提供动力的
锅炉房，并形成蒸汽锅
炉的形象，编织网采用
108 块织纹不锈钢片组
成，被命名为"锅炉外衣"
（Boiler Suit）。到了夜
晚，灯光点亮的入口成
为迎接医院员工和到访
者的独特标志。

100 Hay's 商业街廊
Hay's Galleria

建筑师：Twigg Brown
Architects
地址：1 Battle Bridge
Ln，London SE1 2HD
建筑类型：特色片区
建成年代：1980 年代

Hay's 商业街廊

Hay's Galleria 改造自老
码头 Hay's Wharf——
一个从泰晤士河向内延
伸的大船坞，在 19 世
纪曾有"伦敦粮仓"之
称。Hay's Galleria 是
20世纪80 年代泰晤士沿岸城
市更新的一部分。改造
设计保留了码头，并将
两侧货仓改造为办公空
间和商店。

⑩ 市政厅
City Hall

建筑师：诺曼·福斯特事务所 / Foster & Partners
地址：110 The Queen's Walk, London SE1 2AA
建筑类型：办公建筑
建成年代：2002 年

⑩ 塔桥
Tower Bridge

地址：Tower Bridge Rd, London SE1 2UP
建筑类型：历史建筑
建成年代：1894 年

⑩ 伦敦设计博物馆旧址
Old London Design Museum

建筑师：Conran & Partners
地址：28 Shad Thames, London SE1 2YD
建筑类型：文化建筑
建成年代：1989 年
开放时间：10:00am–6:00pm

⑩ 时装及纺织品博物馆
Fashion and Textile Museum

建筑师：Ricardo Legorreta
地址：83 Bermondsey St, London SE1 3XF
建筑类型：文化建筑
建成年代：2003 年
开放时间：周二至周六 11:00am–6:00pm, 周日 11:00am–5:00pm, 周一闭馆。

⑩ 伦敦河岸规划
More London Masterplan

建筑师：诺曼·福斯特事务所 / Foster & Partners
地址：2A, More London Riverside, Tooley St, London SE1 2DB
建筑类型：特色片区
建成年代：2010 年代

市政厅

该项目的建筑造型是为了减少建筑暴露在阳光直射下的面积而产生的。倾斜螺旋状的圆形玻璃外表也寓意着透明办公和民主政府。建筑强调亲民性，附近的绿地空间、一楼大厅以及顶层观景平台均对一般民众开放。

塔桥

塔桥是泰晤士河口的第一座桥。桥梁能在特殊情况下打开，供河上的大型航只通行。桥上的一对尖顶塔内部包含着商店、酒吧等功能、在二层相连，供行人在底层断开时运行。塔桥建造材料主要是钢铁，塔两端通过悬索与桥面连接。

伦敦设计博物馆

这是世界上第一个专门展示现代设计艺术的博物馆。建筑由旧香蕉仓库改造而成，白色的体块、简洁的线条、长条状开窗是对现代主义包豪斯风格的继承。博物馆包括两层画廊、一间咖啡馆和一个艺术品商店。博物馆现在被扎哈·哈迪德买下，作为自己作品的陈列馆，同时也为其他展览提供空间。

时装及纺织品博物馆

这是 Legorreta 在欧洲的第一个也是唯一个作品。博物馆由旧仓库改造而成，功能包括纺织业展览与服装设计教学等。鲜亮的彩色立面与周围的砖墙住宅形成强烈对比。入口以粉色体块嵌入橙色体块中，以凸显入口。

伦敦河岸规划

这一区域包括伦敦市政厅在内的 11 栋建筑和一系列公共休闲场所。建筑群中规划了一条对于塔桥的视觉通廊，广道两侧交织了一些更广的路径通道，联系起滨水活动场所、景观社区。

塔桥

106 泰晤士河南岸工业区更新

106 泰晤士河南岸工业区更新 ⊘
Shad Thames
Regeneration

建筑师：Conran & Partners
地址：London SE1
建筑类型：特色片区
建成年代：1990 年代

泰晤士河南岸工业区更新

在 19 世纪，Shad Thames 地区 (又名 Butler's Wharf) 是伦敦最大的货仓，是茶叶、咖啡、香料等货物的集散地。到了 20 世纪，由于卸货地的东移，这一地区逐渐衰败，直至 1972 年彻底关闭。在 1980~1990 年代，由建筑师 Terence Conran 主持对这一片区进行了更新改造，将原先的货仓改为了高档公寓和底层的餐厅、店铺、酒吧 等。Conran 本人也在这一片区经营了 Le Pont de la Tour、Blueprint Cafe、Butler's Wharf Chop House 三家知名餐厅

金丝雀码头

金丝雀码头位于伦敦东部，与传统的伦敦金融中心"伦敦市"（City of London）为英国的两个主要金融中心，是伦敦道克兰地区（Dockland）城市更新的重要部分之一。道克兰地区曾经是伦敦的一处繁华码头，但1960年代以后，由于海运行业的萎缩，金丝雀码头逐渐衰落，至1980年代停止运营。撒切尔夫人执政时期，伦敦市政府成立了码头区开发公司，开始全面改造这一地区。一家加拿大开发公司在这里投资，建了金融区。

金丝雀码头地铁站

该设计以覆盖地铁站入口并将日光引入站点入口的弧形玻璃顶棚为站点标识，以此提高站点辨识度，最大限度地减少了对标识系统的需求。由于车站人流量大，设计的指导原则是耐用性和易维护性，因此主要采用混凝土、不锈钢和玻璃等简单的耐磨材料。车站上部的其他部分铺设为城市公园。

金丝雀码头轻轨站综合体

交叉铁路（Crossrail）是当前欧洲最大的基础设施项目，将希思罗机场与伦敦东部和中西部地区连接在一起，包括9个新站点和42km的隧道。该设计希望提供一个集零售、屋顶花园、轻轨站入口于一体的高度可达的公共空间。整个体量总长310m，由一个壳体状的木格栅屋顶包裹，形成此地曾经的码头船只的意象。木结构采用环保板材，填入ETFE（乙烯-四氟乙烯）气垫。

⑩ 金丝雀码头 ◎
Canary Wharf

地址：London E14
建筑类型：特色片区
建成年代：2000年

⑩ 金丝雀码头地铁站
Canary Wharf
Underground Station

建筑师：诺曼·福斯特事务所／Foster & Partners
地址：1 Canary Wharf Station, London E14 5NY
建筑类型：交通建筑
建成年代：1999年

⑩ 金丝雀码头轻轨站综合体 ◎
Crossrail Place Canary Wharf

建筑师：诺曼·福斯特事务所／Foster & Partners
地址：Crossrail Pl, London E14 5AR
建筑类型：交通建筑
建成年代：2015年

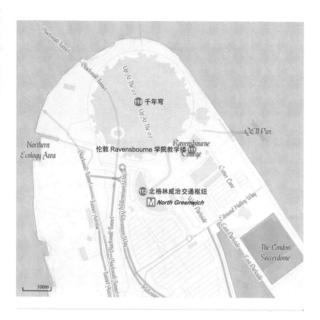

⑩ 千年穹 ✔
O2 Arena

建筑师：理查德·罗杰斯事务所／Rogers Stirk Harbour & Partners
地址：Peninsula Sq, London SE10 0DX
建筑类型：文化建筑
建成年代：1999 年

⑪ 伦敦 Ravensbourne 学院教学楼
Ravensbourne College

建筑师：Foreign Office Architects
地址：6 Penrose Way, London SE10 0EW
建筑类型：教育建筑
建成年代：2010 年

⑫ 北格林威治交通枢纽
North Greenwich Transport Interchange

建筑师：诺曼·福斯特事务所／Foster & Partners
地址：5 Millennium Way, London SE10 0PH
建筑类型：交通建筑
建成年代：1999 年

千年穹

千年穹是英国政府为迎接 21 世纪而建的标志性建筑，其中包括展示、演出、购物、酒吧等功能，促进了伦敦东部格林威治半岛的城市复兴。屋盖采用圆球形的张力膜结构，膜面支承在 72 根钢索辐射状的钢索上，钢索通过斜拉吊索和伸出屋面的桅杆支撑。

伦敦 Ravensbourne 学院教学楼

建筑表面是由白色、褐色和灰色铝板形成的编织纹理，匀质的表面模糊了楼层的划分，使整个建筑呈现出完整的体量。表皮编织纹理的间隙是圆形窗户，在室内形成丰富的光影效果。

北格林威治交通枢纽

这一交通枢纽扮演着为格林威治半岛交通重组的重要角色。站点的大屋顶两端分别布置公交站和私家车、出租车停靠站，中间是休息室。巨大的屋顶下，游客可以感受到开阔自由的流动空间。屋顶上的采光口保证了室内丰富的光影变化。

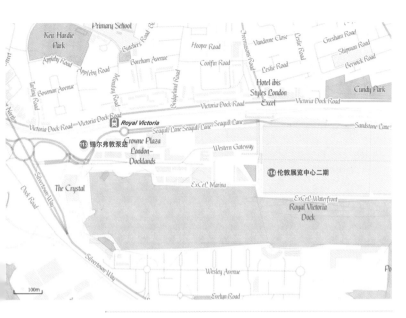

⑬ 锡尔弗敦泵站
Silvertown Pumping
Station

建筑师：理查德·罗杰斯事务
所／ Rogers Stirk Harbour &
Partners
地址：Tidal Basin Rd,
London E16 1BW
建筑类型：工业建筑
建成年代：1988 年

⑭ 伦敦展览中心二期
Excel Phase II

建筑师：格雷姆肖建筑事务所
／ Grimshaw Architects
地址：1 Western Gateway,
London E16 1XL
建筑类型：文化建筑
建成年代：2010 年

锡尔弗敦泵站

该项目是伦敦道克兰地
区再开发的基础设施工
程的一部分。可见部分
只是该项目的"冰山一
角"，整个结构深达地下
25 米。建筑由两个同心
圆体块构成。最里面是
泵室，底部是潜水泵，外
部是维护区。管道、通
风口、栏杆等构件均外
露，体现出高技派风格。

伦敦展览中心二期

该项目创造了一个超过
900m 长的建筑体量以及
易识别的、亮黄色"E"
形东入口。二期建筑总
面积 32500m²，其 900m
长的室内通廊在建造之
时是欧洲之最。

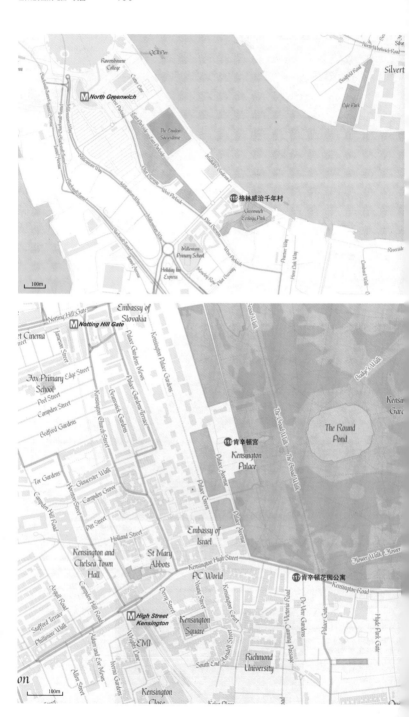

⑱ 格林威治千年村
Greenwich Millennium
Village

建筑师 : 拉夫 · 厄斯金／
Ralph Erskine
地址 : On the Village Sq,
West Parkside,
Greenwich, London SE10
0BD
建筑类型 : 特色片区
建成年代 : 2000 年代

格林威治千年村

该项目由拉夫 · 厄斯金
做整体规划并完成片区
北部的高层住宅，是格
林威治地区更新计划中
较早的项目之一。项目
用地原先为工业用地，政
府希望将其作为可持续
性工业用地改造的标杆
项目。片区的住宅和商
业建筑都采用人性化的
尺度，配备热电联供系
统以及雨水和废水回收
系统，并优先考虑步行
道和自行车道。

肯辛顿宫

肯辛顿宫是一座皇家宫
殿，分为公务部分和私
用部分。该宫曾是历代
君主们钟爱的住所，居
主者包括戴安娜王妃和
现今的威廉王子夫妇。前
肯辛顿宫部分对外开放
参观，包括维多利亚女
王受洗的房间和皇室宫
廷服饰展览区等。

肯辛顿花园公寓

公寓采用经典的板柱结
构。立面比例划分与周
边建筑保持统一。每层
玻璃界面均在柱子后斜
向形成一段缩进，在增
大视域的同时形成一个
观景平台，可以遥望肯
辛顿宫花园。

⑲ 肯辛顿宫
Kensington Palace

地址 : Kensington
Gardens, London W8 4PX
建筑类型 : 历史建筑
建成时间 : 始建于 17 世纪
开放时间 : 每天 10:00am-
4:00pm。

⑳ 肯辛顿花园公寓
One Kensington
Gardens

建筑师 : 大卫 · 奇普菲尔德／
David Chipperfield
地址 : De Vere Gardens,
London W8 5PE
建筑类型 : 居住建筑
建成年代 : 2015 年

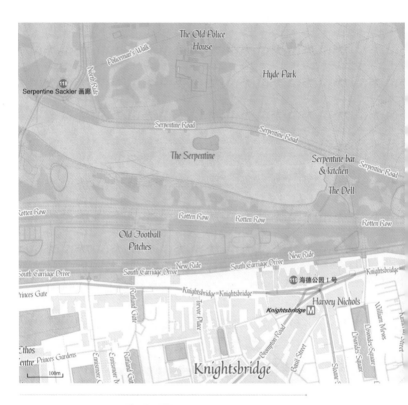

⑪ Serpentine Sackler 画廊 ✪
Serpentine Sackler Gallery

建筑师：扎哈·哈迪德／
Zaha Hadid
地址：W Carriage Dr,
London W2 2AR
建筑类型：文化建筑
建成年代：2013 年

Serpentine Sackler 画廊

蛇形画廊由大不列颠艺术
委员会在 1970 年成立，坐
落于一座建于 1933 年的
茶亭中。扩建部分距原画
廊五分钟步行距离，前身
是一座建于 1805 年的老
火药库，本身为二级保
护建筑，在改建中，火药
库的非历史性隔墙被拆
除，拱门被复原，内部
设计和照明设计十分谨
慎，以确保不破坏历史建
筑的古老氛围。此外，哈
哈还设计了一部分外凸的
自由造型体块。

⑩ 海德公园 1 号
One Hyde Park

建筑师：理查德·罗杰斯事务
所／ Rogers Stirk Harbour &
Partners
地址：100 Knightsbridge,
London SW1X 7LJ
建筑类型：居住建筑
建成年代：2011 年

海德公园 1 号

这处豪宅项目包括 4 座住
宅楼，楼面积 35800m²，包
含 86 套住宅，单价达到
伦敦住宅平均单价约一
倍。该项目采取一梯一户
的设计，每个房间窗户都
装设了防弹玻璃，电梯和
出入口设有虹膜扫描身份
识别系统。

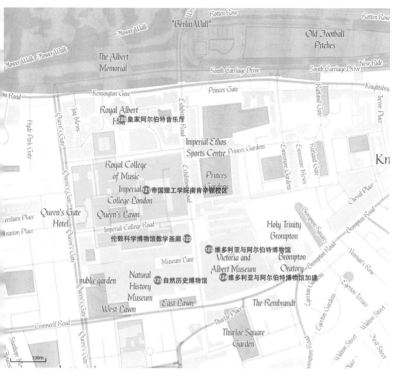

皇家阿尔伯特音乐厅

音乐厅外形仿造罗马圆形
剧场，外立面采用红砖。内
部主要用于古典音乐演
出，容纳 5272 个座位，以
每年夏季的古典音乐节
（The Proms）闻名。

⑳ 皇家阿尔伯特音乐厅
Royal Albert Hall

建筑师：Francis Fowke +
Henry Young Darracott
Scott
地址：Kensington Gore,
Kensington, London SW7
2AP
建筑类型：文化建筑
建成年代：1871 年

帝国理工学院南肯辛顿
校区

第二次世界大战后，帝国
理工学院的大量建筑被拆
除，留下一个极不协调的
校园。为此，福斯特事务
所为校区制定了总体规
划，并设计了四栋教学建
筑，分别为 1994 年设计
的亚历山大·弗莱明爵
士大厦（Sir Alexander
Fleming Building）、1994
年设计的鲜花楼（Flowers
Building）、2000 年设计的
商学院（Business School）
及 2001 年设计的教职工
楼（Faculty Building）。

⑭ 帝国理工学院南肯辛顿
校区
Imperial College
London South
Kensington Campus

建筑师：诺曼·福斯特事务所
／ Foster & Partners
地址：Exhibition Rd,
London SW7 2AZ
建筑类型：教育建筑
建成年代：2000 年代

Note Zone

⑫ 伦敦科学博物馆数学画廊
Mathematics Gallery
at the Science Museum

建筑师 :扎哈·哈迪德／
Zaha Hadid
地址 :Exhibition Rd,
London SW7 2DD
建筑类型 :文化建筑
建成年代 :2016 年

⑫ 维多利亚与阿尔伯特博物馆
Victoria and Albert
Museum

地址 :Cromwell Rd,
London SW7 2RL
建筑类型 :文化建筑
建成年代 :1850-1860 年代
开放时间 :除周五外
10:00am–5:45pm, 周五
10:00am–10:00pm

⑫ 维多利亚与阿尔伯特博物馆加建 ✪
Victoria and Albert
Museum (extension)

建筑师 :AL_A 建筑设计
事务所
地址 :Cromwell Rd,
Knightsbridge, London
SW7 2RL
建筑类型 :文化建筑
建成年代 :2017 年

⑫ 自然历史博物馆
Natural History Museum

地址 :Cromwell Rd,
Kensington, London SW7
5BD
建筑类型 :文化建筑
建成年代 :1881 年
开放时间 :10:00am–5:50pm

伦敦科学博物馆数学画廊

数学画廊主要展示 17 世纪以来著名数学家们的传奇人生以及他们为人类科学发展所作出的贡献。画廊的设计灵感来自于飞机设计的气流方程, 展廊的布局和三维曲面的线条代表了飞机飞行时周围流动的空气。

维多利亚与阿尔伯特博物馆

该博物馆是为 1851 年在伦敦召开的第一届万国博览会而建, 以维多利亚女王和阿尔伯特公爵命名。建筑整体为文艺复兴风格, 专门收藏美术品和工艺品, 包括珠宝、家具等, 规模仅次于大英博物馆, 为英国第二大国立博物馆。

维多利亚与阿尔伯特博物馆加建

该项目的设计出发点旨在改变展览路 (Exhibition Road) 和博物馆之间的分离感, 吸引更多观众进入博物馆。扩建部分共 6360m², 由于紧邻一级历史保护建筑, 施工极具挑战性, 但施工完全未影响博物馆的正常开放。

自然历史博物馆

英国自然历史博物馆是欧洲最大的自然历史博物馆, 为维多利亚式建筑, 形似中世纪大教堂, 拥有世界各地动植物和岩石矿物等标本约 4000 万号。

Note Zone

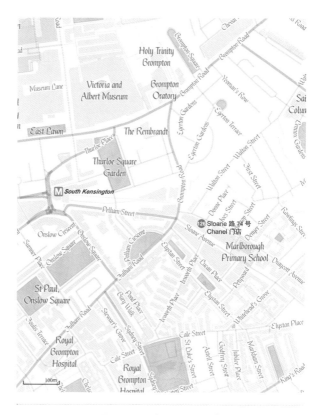

⑫ Sloane 路 74 号 Chanel
门店
74 Sloane Ave

建筑师：大卫·奇普菲尔德／
David Chipperfield
地址：74 Sloane Ave,
London SW3 3DZ
建筑类型：商业建筑
建成年代：1997 年

oane 路 74 号 Chanel 门店

项目翻新自一个 1960
代的办公大楼。原建筑
三层，建筑师保留了现
结构。一、二层立面采
6m 高的玻璃板，固定
原有的柱子上，三层为
公室，采用全新的凹
，上下层通过特制的螺
楼梯联系。

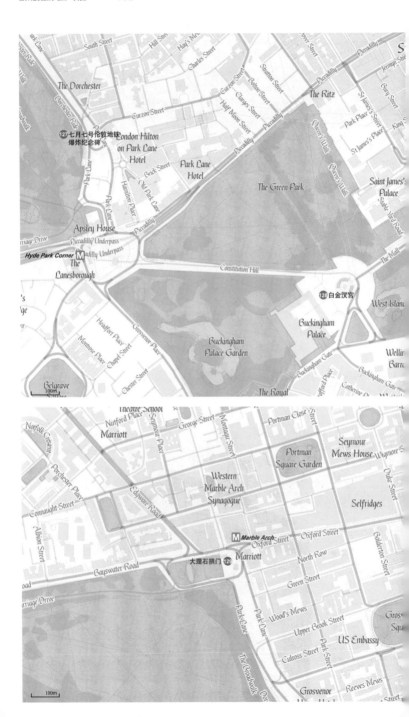

⑰ 七月七号伦敦地铁爆炸纪念碑
7 July Memorial

建筑师 : Carmody Groarke
地址 : London W1J 7NT
建筑类型 : 景观建筑
建成年代 : 2009 年

⑱ 白金汉宫
Buckingham Palace

地址 : London SW1A 1AA
建筑类型 : 历史建筑
建成年代 : 18-19 世纪
开放时间 : 仅夏季开放，具体
时间请查看官方网站

⑲ 大理石拱门
Marble Arch

建筑师 : John Nash
地址 : Oxford St,
Edgware Rd, Park Ln
Junction, London
建筑类型 : 历史建筑
建成年代 : 1827 年

七月七号伦敦地铁爆炸纪念碑

该项目是为纪念 2005 年
月 7 日伦敦地铁爆炸案
中丧生的无辜受害者而
建。五十二根不锈钢立柱
代表爆炸事件中丧生的
五十二位受害者，四个相
互关联的群组，代表了四
个投放炸弹的地点。棱角
分明、冰凉触感的立柱给
人以凄凉而严肃之感，其
光影效果形成了沉思与缅
怀的氛围。

白金汉宫

白金汉宫为古典风格建
筑，是英国君主的主要
住宫及办公地点，也是
英国历史上欢庆或危机
时刻的重要集会场所。

大理石拱门

大理石拱门位于著名商
业街牛津街西端，几乎
正对着海德公园的演说
者之角。它原本位于白
金汉宫前的林荫路，准
备作为白金汉宫的入
口。1851 年，白金汉宫
东部兴建期间，大理
石拱门被移到现址。

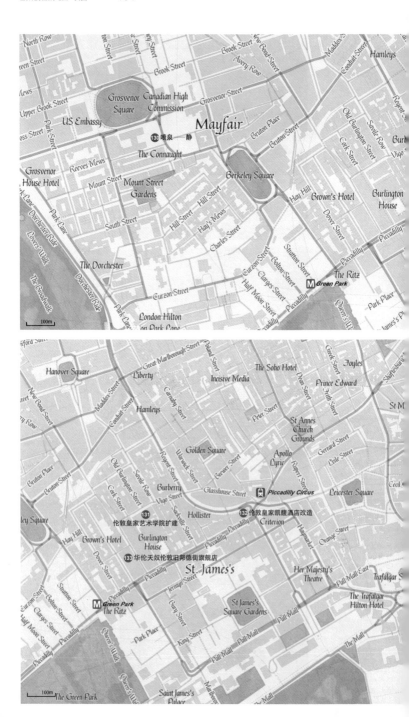

130 喷泉——静

The Connaught

131 伦敦皇家艺术学院扩建

132 伦敦皇家凯馥酒店改造

133 华伦天奴伦敦旧邦德街旗舰店

⑩ 喷泉——静
Fountain "Silence"

建筑师 :安藤忠雄 +Blair
Associates / Tadao Ando
+Blair Associates
地址 :16 Carlos Pl,
Mayfair, London W1K 2AL
建筑类型 :景观建筑
建成年代 :2010 年

⑬ 伦敦皇家艺术学院扩建
Royal Academy of Arts
Masterplan

建筑师 :大卫·奇普菲尔德／
David Chipperfield
地址 :Burlington House,
Piccadilly, Mayfair,
London W1J 0BD
建筑类型 :教育建筑
建成年代 :2018 年

⑬ 伦敦皇家凯馥酒店改造
Café Royal Hotel

建筑师 :大卫·奇普菲尔德／
David Chipperfield
地址 :68 Regent St,
London W1B 4DY
建筑类型 :旅馆建筑
建成年代 :2012 年

**⑬ 华伦天奴伦敦旧邦德街旗
舰店**
Valentino London Old
Bond Street Flagship
Store

建筑师 :大卫·奇普菲尔德／
David Chipperfield
地址 :39 Old Bond St,
London W1S 4QP
建筑类型 :商业建筑
建成年代 :2016 年

喷泉——静

该地原有的两棵大树被
大理石喷泉包围。隐藏
在树根部的雾化器每 15
分钟产生 15 秒钟的水蒸
气。水面以下的玻璃透
覆盖有光纤以供夜间
发亮。

伦敦皇家艺术学院扩建

改造工程包括修复一个
260 座的礼堂，增加一系
列画廊以及服务设施。设
计的出发点是确保对历
史建筑的影响保持在最
低限度。

伦敦皇家凯馥酒店改造

该项目是对建于 19 世纪
的皇家凯馥酒店的改
造，奇普菲尔德注重以
洁净的线条、一致的色
彩与秩序去营造现代化
的室内空间。翻修设计
保留了原二级保护建筑
的新古典的外观，室内
新增墙体，均以衣橱
作为空间分隔。

**华伦天奴伦敦旧邦德街
旗舰店**

店面室内采用硬威尼斯
磨石、大理石与软地
毯，形成意大利风格的印
象。楼电梯、展台等处
面积使用橡木材料，增
室内亲切感。

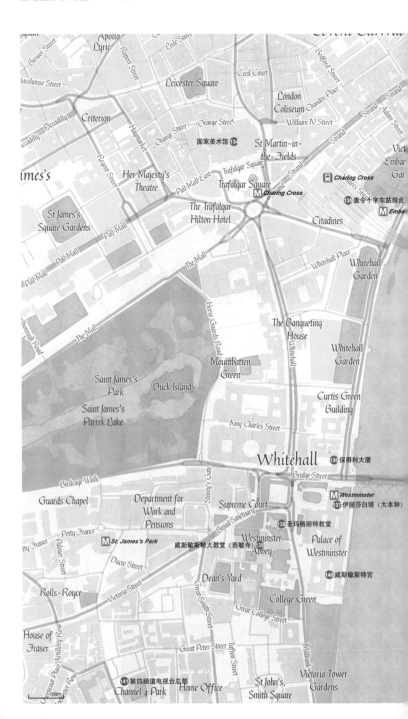

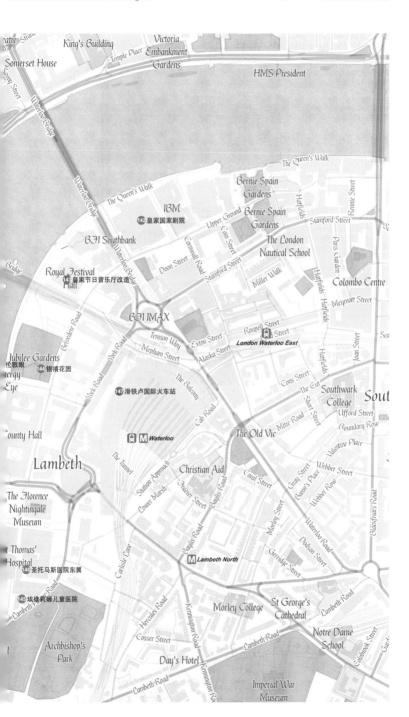

King's Building

Victoria
Embankment
Gardens

Temple Place

Somerset House

HMS President

Waterloo Bridge

The Queen's Walk

The Queen's Walk

Bernie Spain
Gardens

IBM
142 皇家国家剧院

Upper Ground

Bernie Spain
Gardens

Rennie Street

Stamford Street

BFI Southbank

Cornwall Road

Stamford Street

Paris Garden

The London
Nautical School

Colombo Centre

Doon Street

Miller Walk

Royal Festival
Hall
143 皇家节日音乐厅改造

Waterloo Bridge

Meymott Street

Hatfields

BFI IMAX

Tenison Way

Exton Street

Roupell Street

Street

London Waterloo East

Mepham Street

Alaska Street

Jubilee Gardens
伦敦眼
144 银禧花园
Eye

York Road

Belvedere Road

The Balcony

Cons Street

The Cut

Southwark
College

Sout

Hatfields

Joan Street

Sco

Ufford Street
Boundary Row

147 滑铁卢国际火车站

Cab Road

The Old Vic

Mitre Road

Short Street

County Hall

The Tunnel

Station Approach

Waterloo

Christian Aid

Coral Street

Valentine Place

Gray Street

Baron's Place

Webber Street

Webber Row

Lambeth

Lower Marsh

Frazier Street

Baylis Road

The Florence
Nightingale
Museum

Morley Street

Waterloo Road

Blackfriars Road

Thomas'
Hospital
146 圣托马斯医院东翼

Carlisle Lane

Baylis Road

Lambeth North

Gerridge Street

Dodson Street

145 埃维莉娜儿童医院

Hercules Road

Kennington Road

Morley College

St George's
Cathedral

Lambeth Road

Lambeth Walk

Archbishop's
Park

Cosser Street

Day's Hotel

Lambeth Road

Kennington Road

Imperial War
Museum

Notre Dame
School

⑬ 国家美术馆 ✓
The National Gallery

地址：Trafalgar Sq, London
WC2N 5DN
建筑类型：文化建筑
建成年代：19-20 世纪
开放时间：除周五外
10:00am–6:00pm，周五
10:00am–9:00pm

⑬ 查令十字车站综合体 ✓
Charing Cross Station +
Offices

建筑师：特里·奥法雷尔 /
Terry Farrell & Partners
地址：Embankment Pl,
London WC2N 6NN
建筑类型：办公 / 交通建筑
建成年代：1990 年

⑬ 保得利大厦
Portcullis House

建筑师：霍普金斯建筑事务所
/ Hopkins Architects
地址：Bridge St,
Westminster, London
SW1A 2JR
建筑类型：办公建筑
建成年代：2000 年

⑬ 伊丽莎白塔（大本钟）✓
Elizabeth Tower (Big
Ben)

建筑师：Augustus Pugin
地址：London SW1A 0AA
建筑类型：历史建筑
建成年代：1858 年

国家美术馆

国家美术馆是一座新古
典主义建筑，被列为英
国一级保护建筑。它分
为东、南、西、北四个
侧翼，收藏了梵高、莫
奈、达·芬奇等大量名
家的名画。

查令十字车站综合体

查令十字火车站位于伦
敦市中心，是伦敦第五
大繁忙的火车站，车站
一面临街，另一面衔接
Hugerford 大桥。这处车
站上盖项目承担了办公
与商业功能，兼具后现
代风格和高技派特征，造
型类似一座巨型火车
头，也似一座巨轮。

保得利大厦

建筑紧邻议会大楼，为国
会议员及工作人员的办公
场所。大厦体量敦厚、外
观古朴，呼应周围建筑。巨
大的玻璃穹顶覆盖着中庭
空间，为办公空间带来充
足自然光。

伊丽莎白塔（大本钟）

大本钟是英国最大的时
钟，每隔 15 分钟敲响一
次。钟楼是哥特复兴风格
建筑，作为英国国会会
议厅的附属钟楼，是伦
敦的标志性建筑之一，被
列为世界文化遗产。

圣玛格丽特教堂

圣玛格丽特教堂位于威斯敏斯特大教堂的北面，是一座小型的哥特风格中世纪教堂，建于12世纪，15世纪以来经历多次整修。以其内部绚丽的彩色玻璃而著称。1987年，它与西敏宫、西敏寺一同被列为世界文化遗产。

威斯敏斯特大教堂（西敏寺）

教堂原建在托尼岛，该岛在泰晤士河道变窄后与岸地融为一体，现已消失。教堂始建于公元10世纪，现存的教堂为13~16世纪重建。教堂平面呈拉丁十字形，全长156m，宽22m，大穹隆顶高31m，钟楼高58.5m，被认为是英国哥特式建筑的杰作，被列入世界文化遗产。该教堂见证了帝王更迭、王室结合。历任君主以及一些伟人都安葬在内。

威斯敏斯特宫

威斯敏斯特宫，又称议会大厦，是英国议会所在地，是哥特复兴式建筑的代表作之一，1987年被列为世界文化遗产。在其人口之上为维多利亚塔和大本钟。现存宫殿是19世纪的重建，但依然保留了初建寸的许多历史遗迹，如威斯敏斯特厅的历史可追溯至1097年。

⑬ 圣玛格丽特教堂
St. Margaret's Church

地址 : St. Margaret St, Westminster, London SW1P 3JX
建筑类型 : 宗教建筑
建成年代 : 15-19 世纪
开放时间 : 周一至周五 9:30am-3:30pm，周六 9:30am-1:30pm，周日 2:30am-4:30pm

⑬ 威斯敏斯特大教堂（西敏寺） ↻
Westminster Abbey

地址 : 20 Deans Yd, Westminster, London SW1P 3PA
建筑类型 : 宗教建筑
建成年代 : 13-16 世纪
开放时间 : 周一、二、四、五 9:30am-3:30pm，周三 9:30am-6:00pm，周六 9:00am-3:00pm (5-8 月)，9:00am-1:00pm (9 至次年 4 月)

⑭ 威斯敏斯特宫 ↻
Palace of Westminster

地址 : London SW1A 0AA
建筑类型 : 历史建筑
建成年代 : 19 世纪
备注信息 : 提供多种参观方式，具体开放时间和票价请查看官方网站

❹ 第四频道电视台总部
Channel 4 Headquarters

建筑师：理查德·罗杰斯事务所／Rogers Stirk Harbour & Partners
地址：124-126 Horseferry Rd, Westminster, London SW1P 2TX
建筑类型：办公建筑
建成年代：1994年

❻ 皇家国家剧院 ✪
Royal National Theatre

建筑师：丹尼斯·拉斯顿／Denys Lasdun
地址：Southbank, London SE1 9PX
建筑类型：文化建筑
建成年代：1976年

❽ 皇家节日音乐厅改造
Royal Festival Hall Redevelopment

建筑师：Allies and Morrison Architects
地址：Belvedere Rd, Lambeth, London SE1 8XX
建筑类型：文化建筑
建成年代：2007年

❼ 银禧花园
Jubilee Gardens

建筑师：West 8
地址：122 Belvedere Rd, South Bank, London SE1 7PB
建筑类型：景观建筑
建成年代：2012年

❽ 埃维莉娜儿童医院
Evelina Children's Hospital

建筑师：霍普金斯建筑事务所／Hopkins Architects
地址：Westminster Bridge Rd, Lambeth, London SE1 7EH
建筑类型：医疗建筑
建成年代：2005年

第四频道电视台总部

建筑由总部大楼、广播套间、摄影棚、地下停车场及花园广场组成。平面围绕一个半开敞式花园进行周边布局。

皇家国家剧院

这座音乐厅是一座典型的粗野主义建筑，在设计之初曾饱受争议，现在仍然既是伦敦最受欢迎的建筑之一，也是伦敦最不受欢迎的建筑之一。与伊丽莎白女王大厅等伦敦其他粗野主义建筑相比，音乐厅仍呈现出水平与竖直体量相平衡的和谐体态。音乐厅内部分为三个剧院，河边前院在夏季用作定期露天表演，阳台和大厅也会被用于特别的试演。

皇家节日音乐厅改造

这座音乐厅是泰晤士河南岸三大音乐厅中历史最悠久的。Allies and Morrison事务所自1993年起担任音乐厅的负责建筑师，对音乐厅开展了一系列新建和改建设计。改造后的音乐厅采用非传统的外观，顶部的拱形体量凸显，下部的方形体量为全玻璃界面，玻璃间的细柱增加了立面的层次。

银禧花园

公园位于伦敦眼下方，设计的重心是连通性和可辨识度。公园由一个变形的环形道路进行组织，支路四通八达。公园地面高出街道平面，为游人带来更好的行走体验与丰富的视线变化。

埃维莉娜儿童医院

该建筑打破常规医院狭长廊连接病房的布局形式，采用两个长条侧翼夹着中央大厅。充满阳光的温暖的中央大厅是整个建筑的核心，集合了各种公共功能，病房均朝向大厅开窗。同时，玻璃顶的大厅在冬季可作为太阳能集热器，在夏季则有助于自然通风。

⑩ 伦敦眼 ✓
London Eye

建筑师 : Marks Barfield
Architects
地址 : Belvedere Rd,
London SE1 7PB
建筑类型 : 景观建筑
建成年代 : 1999 年

伦敦眼

"伦敦眼"为庆祝新千年
而建造，共有 32 个乘坐
舱。舱内装有太阳能电
池，提供通风、照明和
通信系统的电力。伦敦
眼运转一圈约 30 分钟，坐
在其中，整个伦敦景色
尽收眼底。

⑩ 滑铁卢国际火车站
Waterloo International
Railway Station

建筑师 : 格雷姆肖建筑事务所
/ Grimshaw Architects
地址 : Mepham St,
Lambeth, London SE1
7ND
建筑类型 : 交通建筑
建成年代 : 1993 年

骨铁卢国际火车站

火车站的基本结构是一
个包含两个铰接杆架系
统的扁平拱结构。由于
平面不对称，中跨偏向
于一边，在西边坡度较
大。拱顶内部空间通
透，充满阳光，令人心
情愉悦。

⑩ 圣托马斯医院东翼
St. Thomas' Hospital East
Wing

建筑师 : 霍普金斯建筑事务所
/ Hopkins Architects
地址 : Westminster Bridge
Rd, London SE1 7EH
建筑类型 : 医疗建筑
建成年代 : 2015 年

圣托马斯医院东翼

这是一个旧建筑改造项
目。改造保留了所有原
有立面，增加了一层玻
璃表皮，辅以遮阳格栅
以调节自然采光。在背
面，新的玻璃体量穿过
原先"T"形体量的拐
角，形成两个三角形的
中庭。

泰晤士河畔

149 伦敦船楼

150 麦琪西伦敦癌症关护中心

151 伦敦设计博物馆新馆

152 Holland Green 公寓

⑱ 伦敦船楼
The London Ark

建筑师：拉夫·厄斯金／
Ralph Erskine
地址：161 Talgarth Rd,
London W6 8BJ
建筑类型：办公建筑
建成年代：1992 年

伦敦船楼

建筑体采用方舟造型，被
一条架起的公路和铁路
围绕。为脱离拥挤的城
市空间，建筑空间布局
强调内向性。外表面环
绕着三层幕墙，隔声和
防尘效果良好，且铜质
幕墙会随时间推移由红
色变为绿色。楼内的天
井在提供自然采光的同
时调节室内通风。

麦琪西伦敦癌症关护中心

作为癌症关护中心，建
筑师致力于将建筑与治
疗相结合。建筑表皮采
用积极的橙色，顶盖与
底部体块错开一段距离
形成一个内向性的庭
院，带给室内充足的自
然光。

⑲ 麦琪西伦敦癌症关护中心
West London Maggie's
Centres

建筑师：理查德·罗杰斯事务
所／ Rogers Stirk Harbour &
Partners
地址：Charing Cross
Hospital, Fulham Palace
Rd, London W6 8RF
建筑类型：医疗建筑
建成年代：2008 年

**前英联邦协会翻修——
伦敦设计博物馆新馆**

该建筑是在原英联邦学
院基础之上翻修改建而
成。OMA 负责建筑设
计，极简主义代表人物
John Pawson 负责室
内设计。建筑保留了铜
质双曲面屋顶结构以及
中庭，外立面被改造为
全双层玻璃，中庭三层
通高，四周楼梯盘旋而
上，配合屋顶直射下的自
然光，室内通透又宁静。

**⑳ 前英联邦协会翻修——
伦敦设计博物馆新馆**
New London Design
Museum

建筑师：大都会建筑设计事
务所 +Allies and Morrison
Architects + John Pawson／
OMA + Allies and Morrison
Architects + John Pawson
地址：224 238 Kensington
High St, Kensington,
London W8 6AG
建筑类型：文化建筑
建成年代：2016 年

**前英联邦协会片区更
新——Holland Green 公寓**

该住宅楼位于设计博
物馆周围。最小的体块
位于场地后部、面向荷
兰公园，中等大小的靠
前，面向肯辛顿大街，由
此缓解中间最大体块对
周边环境的影响。住宅
规整的外形和立面与博
物馆形成对比，突出博
物馆屋顶的曲线。

㉑ 前英联邦协会片区更新
Holland Green 公寓
Holland Green

建筑师：大都会建筑设计事
务所 +Allies and Morrison
Architects／OMA + Allies
and Morrison Architects
地址：Meblury Ct,
Kensington, London W8
6AX
建筑类型：居住建筑
建成年代：2016 年

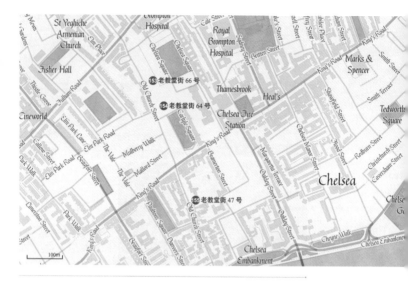

⓯ 老教堂街 66 号
66 Old Church Street

建筑师：沃尔特·格罗皮乌斯
+ 马克斯威尔·弗莱／Walter
Gropius + Maxwell Fry
地址：66 Old Church St,
London SW3 6EP
建筑类型：居住建筑
建成年代：1936 年

⓮ 老教堂街 64 号
64 Old Church Street
(Cohen House)

建筑师：Erich Mendelsohn
+ Serge Chermayeff
地址：64 Old Church St,
Chelsea, London SW3 6EP
建筑类型：居住建筑
建成年代：1936 年

⓯ 老教堂街 47 号
47 Old Church Street

建筑师：TDO Architects
地址：47 Old Church St,
London SW3 5BS
建筑类型：居住建筑
建成年代：2014 年

老教堂街 66 号

这座由格罗皮乌斯为剧作家 Benn Levy 设计的住宅是伦敦现代主义建筑的代表。立面由白色的墙面涂料加上铺贴的深蓝色瓷砖构成，这种材料的选用是建筑师在其国际风格的基础上对英国海洋文化背景的考虑。该建筑已被列为国家二级保护建筑。

老教堂街 64 号

该建筑毗邻格罗皮乌斯设计的 66 号住宅，同为英国现代主义建筑的代表作，被列为国家二级保护建筑。在该项目建设之时，现代主义建筑在伦敦还非常少见。相比于 66 号住宅，该项目得到了更好的保护。诺曼·福斯特于 1970 年代在其旁边设计了一个温室。

老教堂街 47 号

这座建筑是老教堂街上现代建筑的又一次探索。建筑立面砖的使用呼应了街上现有建筑的材质，门窗高度也与两侧建筑相呼应。为和老教堂街上的"底商上住"的建筑模式相匹配，住宅一层设置了类似于展示橱窗的大窗户。门框为铜质，精致古朴。

皇家国家剧院／丹尼斯·拉斯顿

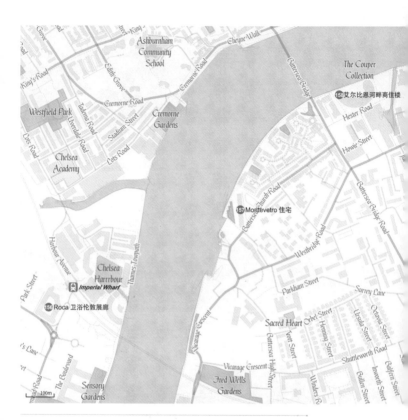

---

⑯ Roca 卫浴伦敦展廊
Roca London Gallery

建筑师：扎哈·哈迪德／
Zaha Hadid
地址：Station Ct,
Townmead Rd, London
SW6 2PY
建筑类型：文化建筑
建成年代：2011 年

⑰ Montevetro 住宅
Montevetro Building

建筑师：理查德·罗杰斯事务所
／ Rogers Stirk Harbour &
Partners
地址：100 Battersea
Church Rd, London SW11
3YL
建筑类型：居住建筑
建成年代：2000 年

Roca 卫浴伦敦展廊

该项目包括展示空间、休
闲区、酒吧以及会议
室。为满足各种功能的
视听要求，音响与灯光
设施被嵌入到墙壁表面
内部。未来感十足的建
筑与世界高端卫浴品牌
的理念完美协调。

Montevetro 住宅

该高端住宅项目位于泰
晤士河边，位置极佳，地
址是老霍维斯（Old
Hovis）面粉厂，临近
一级保护建筑圣玛丽
教堂。项目包括 103 套
公寓，面积从 93m²
232m² 不等。建筑的布局
提升了通向教堂的视野
廊道，并保证了从河岸
到教堂的步行通径，也
保证了每套公寓都能看
到河景。

Note Zone

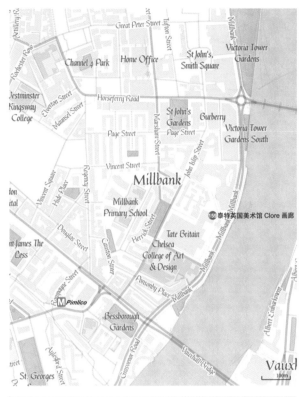

159 泰特英国美术馆 Clore 画廊

尔比恩河畔商住楼

项目沿河岸形成不对
的弧形结构，在河滨
道旁形成公共空间。立
采用大面积玻璃，可
光照条件和视角的不
而呈现不同的视觉效
。临河一面阳台的水
线强化了视觉上的秩
感。与北面形成对比，
立面的外墙则采用铝
细网包覆，并向上延
形成屋顶。

特英国美术馆 Clore
廊

ore 画廊加建于古典风
的博物馆后部，主要
于收藏英国著名画家
纳的作品。该建筑被
为是后现代主义建筑
重要实例，尤其是"情
反讽"手法的运用。画
每个部分的外立面都
地引用临近建筑的
料和细节。建筑建成
受到了极大争议。

158 艾尔比恩河畔商住楼
Albion Riverside

建筑师：诺曼·福斯特事务所
／ Foster & Partners
地址：Hester Rd, London
SW11 4AX
建筑类型：居住建筑
建成年代：2003 年

159 泰特英国美术馆 Clore
画廊 ✔
Tate Britain, Clore
Gallery (extension)

建筑师：詹姆斯·斯特林／
James Stirling
地址：Millbank,
Westminster,
London SW1P 4RG
建筑类型：文化建筑
建成年代：1987 年
开放时间：每天 10:00am-
6:00pm

Note Zone

⑯ Riverlight 住宅
Riverlight

建筑师：理查德·罗杰斯事务
所／ Rogers Stirk Harbour &
Partners
地址：3 Riverlight Quay,
London SW11 8AY
建筑类型：居住建筑
建成年代：2016 年

⑯ 巴特西发电站 ✈
Battersea Power Station

建筑师：Giles Gilbert Scott
+ J Theo Halliday
地址：188 Kirtling St,
London SW8 5BN
建筑类型：工业建筑
建成年代：1933 年

Riverlight 住宅

项目所在地原先为一片
五英亩的工业用地，如
今被改造成以住宅为主
的混合用途开发项目。
项目由六幢建筑组成，
12 层到 20 层不等，形成
变化的天际线，包括 80
套住宅、地下停车场、托
儿所、餐厅、酒吧、一
品店和其他零售设施。项
目充分利用沿河的有利
位置，将约 60% 的用地
保留为公共开放空间。

巴特西发电站

这是一座退役的火力发
电站，是伦敦的代表性建
筑，也是欧洲现存最大
的砖建筑。它与伦敦标
志之一的红色电话亭同
为著名设计师斯科特设
计，曾被作为众多专辑
封面以及电影、展览、
布会的取景地。巴特西
地区的综合城市更新中
有弗兰克·盖里、诺曼·福
斯特、BIG 等多家知名
建筑事务所参与。新的
苹果公司英国总部也将
入驻该建筑。

Note Zone

⑱ 巴特西电站城市更新——
马来西亚广场 ❂
Battersea Power Station
Malaysia Square

建筑师：BIG 建筑设计事务所
地址：188 Riverlight
Quay, London SW8 5BN
建筑类型：特色片区
建成年代：建设中

⑲ 巴特西电站城市更新——
Prospect Place 公寓
Prospect Place

建筑师：弗兰克·盖里／
Frank Owen Gehry
地址：188 Riverlight
Quay, London SW8 5BN
建筑类型：居住建筑
建成年代：建设中

⑳ 巴特西电站城市更新——
天际线公寓
The Skyline

建筑师：诺曼·福斯特事务所
／Foster & Partners
地址：188 Riverlight
Quay, London SW8 5BN
建筑类型：居住建筑
建成年代：建设中

巴特西电站城市更新
——马来西亚广场

设计的概念为"城市峡
谷"，以来自马来西亚
的石材作为主要建筑材
料。该项目连接弗兰
克·盖里和诺曼·福斯特
设计的两部分公寓区，并
作为进入电站的主要入
口，营造出嵌入街道的
叠叠景观，与城市环境
交融。

巴特西电站城市更新——
Prospect Place 公寓

这是盖里在伦敦的第一个
永久性项目，为巴特西电
站地区城市更新第三期的
一部分。与不断变化的金
属外皮相对应，公寓没有
任何两套完全一致，每套
公寓均配有阳光房或私人
露台，以提供最佳的采光
和观景条件。

巴特西电站城市更新
——天际线公寓

该项目为巴特西电站地
区城市更新第三期的一
部分，包含公寓、医疗、酒
店等功能。建筑流线形
的形体与电站的刚硬线条
产生对比。形体上的
缝隙为下方的公共空间
提供自然采光。建筑顶
为伦敦最大的屋顶花园
之一，超过 250m 长，提
供了良好的观景地。

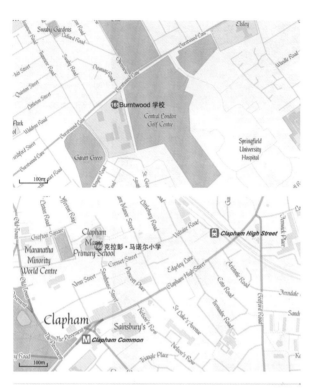

⑯ Burntwood 学校
Burntwood School

建筑师 : Allford Hall
Monaghan Morris (AHMM)
地址 : Burntwood Ln,
London SW17 0AQ
建筑类型 : 教育建筑
建成年代 : 2013 年

⑯ 克拉彭·马诺尔小学
Clapham Manor
Primary School

建筑师 : de Rijke Marsh
Morgan Architects
(dRMM)
地址 : Belmont Rd, London
SW4 0BZ
建筑类型 : 教育建筑
建成年代 : 2009 年

Burntwood 学校

该项目为对老木子园⬚
加建，新建筑包括一⬚
四层教学楼、一个新⬚
体育馆和一个新的演⬚
艺术厅。立面采用多⬚
预制混凝土面板，形⬚
新的表皮。

克拉彭·马诺尔小学

这是一个小学的加建⬚
计。人们首先注意到的⬚
一个彩色的玻璃盒子，⬚
些玻璃从内向外看在⬚
明、半透明、不透明⬚
不断变化。玻璃立面⬚
助于增加建筑的能量⬚
收，同时在建筑内部⬚
能充当教师的粘贴板。

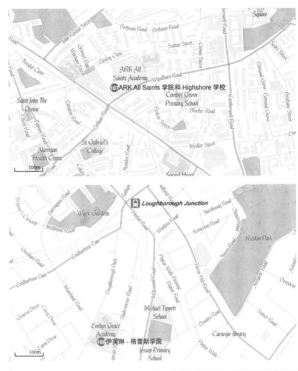

ARK All Saints 学院 Highs nore 学校

该项目涉及三家机构，分别为 ARK All Saints 学院、Highshore 学校和一座小教堂。设计提供了活跃的中庭空间、屋顶公共露台以及直接连接城市街道的自行车坡道。改造后的建筑内部采用箱形悬挑结构在中庭形成大小不一的突出体量，丰富了中庭视线关系。

伊芙琳－格雷斯学院

由于场地有限，建筑呈现曲折的"Z"字形横跨在场地中央，将活动场地自然分割为几块。底层的局部架空使得学生们可以在不同运动场地间穿梭，200m 跑道也从建筑下方穿过。

⑯ ARK All Saints 学院和 Highshore 学校
ARK All Saints Academy and Highshore School

建筑师：Allford Hall Monaghan Morris (AHMM)
地址：Farmers Rd, Camberwell, London SE5 0TW
建筑类型：教育建筑
建成年代：2013 年

⑯ 伊芙琳－格雷斯学院
Evelyn Grace Academy

建筑师：扎哈·哈迪德／Zaha Hadid
地址：255 Shakespeare Rd, Brixton, London SE24 0QN
建筑类型：教育建筑
建成年代：2011 年

Note Zone

⑯ 派克汉姆图书馆
Peckham Library

建筑师：Alsop Architects
地址：122 Peckham Hill
St，London SE15 5JR
建筑类型：文化建筑
建成年代：1999 年

⑰ 格林威治海岸区
Maritime Greenwich ✪

地址：Greenwich, London
建筑类型：特色片区
建成年代：17–18 世纪

派克汉姆图书馆

这座图书馆和附属的广场是所在地区城市复兴的重要项目之一。建筑结构采用钢柱和混凝土，南侧体块大幅度出挑，下部形成新的社区广场。北立面采用具有耐用性和富有表现力的铜板、钢网与彩色玻璃。图书馆位于四楼，办公室、会议室及其他附属设施在下层。

格林威治海岸区

15 世纪初，英国王室将格林威治作为防守伦敦的要塞，在这里设置烽台和瞭望塔，用来监视泰晤士河上的船舶。17世纪末，英国国王查理二世决定在格林威治山顶的瞭望塔处建立英国皇家天文台。19 世纪中叶，国际经度会议通过决议，以通过格林威治天文台的经线为本初子午线，即零度经线，以此计算地球上的经度。从此格林威治因其天文台而闻名于世，现被列入世界文化遗产。

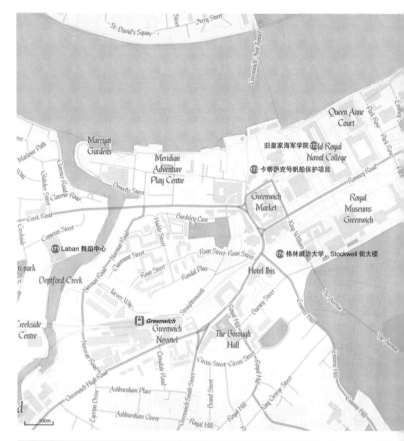

旧皇家海军学院 Old Royal Naval College

175 卡蒂萨克号帆船保护项目

173 Laban 舞蹈中心

174 格林威治大学，Stockwell 街大楼

---

173 Laban 舞蹈中心
Laban Dance Centre

建筑师：赫尔佐格与德梅隆／
Herzog & de Meuron
地址：30 Creekside,
London SE8 3DZ
建筑类型：教育建筑
建成年代：2003 年

为形成朦胧的立面效果，建筑表皮采用了卡布隆板和部分反射玻璃，立面内层为混凝土或磨砂玻璃，两种材料构成了鲜明的对比。建筑外表活泼的色彩是来自于艺术家 Michael Craig-Martin 的设计。

⑰ 旧皇家海军学院
Old Royal Naval
College

建筑师：克里斯托弗·雷恩 /
Christopher Wren
地址：King William Walk,
London SE10 9NN
建筑类型：历史建筑
建成年代：1712 年

建筑位于世界文化遗产格林威治海岸的中心地带。古典风格的皇家海军学院前身是格林威治医院，建筑群采用严谨的轴对称布局，内部大厅顶部精致的彩绘和柱式充满古典的华美气息。

⑰ 卡蒂萨克号帆船保护项目
The Cutty Sark
Conservation Project

建筑师：格雷姆肖建筑事务所 /
Grimshaw Architects
地址：King William Walk,
London SE10 9HT
建筑类型：文化建筑
建成年代：2012 年

"卡蒂萨克"号是世界帆船史上航行速度最快的一艘船，1869 年在苏格兰建成，2007 年遭遇大火。建筑师希望最大限度地还原、保护、展现其历史风貌，为了保护余下的部分，整修后的船只被悬在 3.3m 高的空中，露出船壳，船身部分被包围在玻璃盒子里，参观者可以通过不同寻常的角度欣赏船身。

⑰ 格林威治大学，
Stockwell 街大楼
University of
Greenwich, Stockwell
Street Building

建筑师：Heneghan Peng
Architects
地址：10 Stockwell St,
London SE10 9BD
建筑类型：教育建筑
建成年代：2013 年

该项目包括绿化屋顶、设计教室、美术馆和艺术工作坊等功能，充满雕塑感的体量很好地融入街区。下部轻盈的玻璃体块作为入口连接起室内外，屋顶上是为景观设计系学生规划的绿地，以供种植研究。

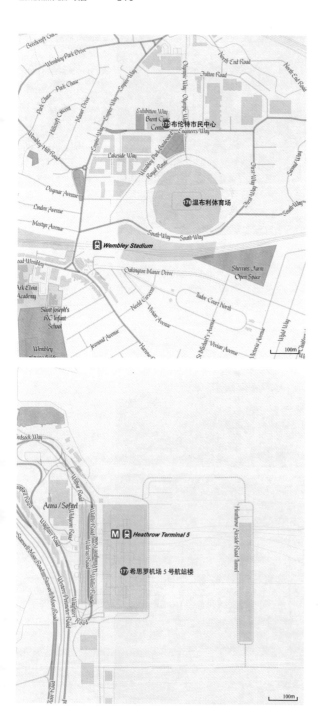

⑱ 布伦特市民中心
Brent Civic Centre

建筑师: 霍普金斯建筑事务所 / Hopkins Architects
地址: Engineers Way, Wembley, London HA9 0FJ
建筑类型: 文化建筑
建成年代: 2013 年

市民中心正对温布利球场和体育场。大厅全玻璃的表面解放了室内视线，围绕大厅的各部分功能区界面也均采用玻璃，突出各功能区的向心感。建筑使用了遮光板、自然通风等节能措施，并利用废弃鱼油进行制冷、取暖和发电，减少了 33% 的碳排放，在其建造之时是英国最具可持续性的地方政府建筑。

⑲ 温布利体育场
Wembley Stadium

建筑师: Populous + 诺曼·福斯特事务所 / Populous + Foster & Partners
地址: Wembley Stadium, London HA9 0WS
建筑类型: 体育建筑
建成年代: 2007 年

体育场共 90000 个座位，拱顶高 130m，可自由滑动。设计突出了横跨体育场上空的巨大钢拱的结构感与视觉美感。钢拱支撑了北面看台顶盖全部和南面看台顶盖 60% 的重量。体育场在建造之时是世界上最大的有盖体育场。

⑳ 希思罗机场 5 号航站楼
Heathrow Terminal 5

建筑师: 理查德·罗杰斯事务所 / Rogers Stirk Harbour & Partners
地址: Wallis Rd, Longford, Hounslow TW6 2GA
建筑类型: 交通建筑
建成年代: 2008 年

建筑由一个弧形屋顶覆盖，内部空间使用具有一定灵活性，可以在未来需求改变时进行重新组合。建筑内部在边缘形成通高的空间，在保证结构逻辑清晰的同时也提供了通透的视野。

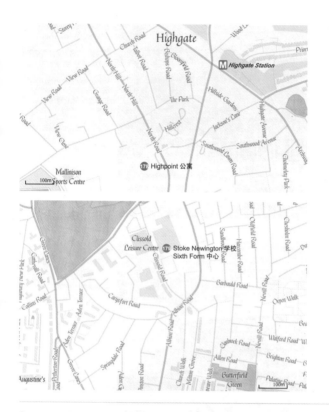

⑰ Highpoint 公寓
Highpoint I

建筑师：贝特洛·莱伯金／
Berthold Lubetkin
地址：North Hill,
Highgate, London N6 4BA
建筑类型：居住建筑
建成年代：1935、1938 年

⑰ Stoke Newington 学校
Sixth Form 中心
Stoke Newington
School, Sixth Form
Centre

建筑师：Jestico & Whiles
地址：Clissold Rd, Stoke
Newington, London N16
9EX
建筑类型：教育建筑
建成年代：2010 年

Highpoint 公寓

该项目是伦敦较早的国际风格建筑，共两座，先后完成，被列为一级保护建筑。作为一处中产阶级公寓，整栋建筑包含 70 余套住宅。一个弯曲体块是建筑的主入口，并连接到公共大堂和地下共享空间。著名现代主义建筑师勒·柯布西耶在 1935 年访问此处时评价它为"美丽的建筑物"、"一流的成就"

Stoke Newington 学校
Sixth Form 中心

这是一处学校改造项目。旧建筑是一座建于 1967 年的粗野主义建筑，由红砖、混凝土构成，新的设计尊重旧建筑，外表皮材料使用钴蚀钢板，既保持色调的统一性，又体现出新老建筑的区别。

格林威治天文台

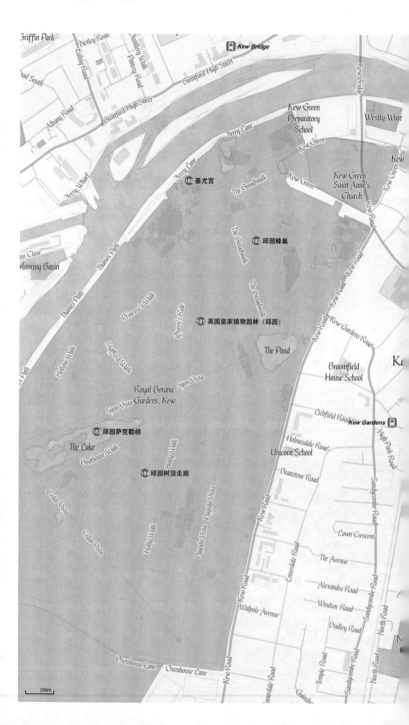

Griffin Park
Kew Bridge
Kew Green Preparatory School
Westly Ware
Kew Green Saint Anne's Church
Kew
180 基尤宫
182 邱园蜂巢
181 英国皇家植物园林（邱园）
The Pond
Broomfield House School
Ke
Royal Botanic Gardens, Kew
183 邱园萨克勒桥
184 邱园树顶走廊
The Lake
Unicorn School
Kew Gardens

基尤宫

基尤宫是英国王室宫殿中最小、最受人感到亲切的一座。建筑采用所谓的荷兰风格，1782 年乔治三世为不断扩大的家族购买了这处建筑。如今由一个独立的慈善机构经营。

英国皇家植物园林——邱园

邱园起初只有 3.6 公顷,经过 200 多年的发展,已扩建成为 120 公顷的规模宏大的皇家植物园,并被列入世界文化遗产。邱园里最具标志性的建筑是维多利亚时代的钢结构温室。如今邱园已经从单一娱乐性的植物收集和展示转向植物学研究。

邱园蜂巢

蜂巢最初为 2015 年米兰世博会英国馆,后在邱园重建。这座建筑与一个真实的蜂巢联通,建筑内的声、光都由真实蜂巢中的蜜蜂活动所激发,强度不断变化。"蜂巢"高 17m,由近 17 万个铝件构成,配有约 1000 个 LED 灯。

邱园萨克勒桥

乔桥尽可能贴近水面,营造一种浮在水面上的轻盈感,并低姿态地展现了新桥梁对周围环境的尊重。混凝土和钢结构被隐藏起来,可见的元素仅有花岗石桥面以及铜质栏杆立柱。

邱园树顶走廊

于走在 18m 高空的树顶走廊使游客在不同高度上对邱园产生不同的体会。走廊桁架的设计灵感来源于大自然中经常出现的斐波那契数列,寓意有机又无尽的生长。设计的一大难点是既使游客尽可能接近树木,又不影响树木的复杂根系。

⑱ **基尤宫**
Kew Palace

地址 : Royal Botanic Gardens, Richmond, London TW9 3AG
建筑类型 : 历史建筑
建成年代 : 始建于 17 世纪
开放时间 : 10:00am-3:30pm

⑱ **英国皇家植物园林（邱园）** ⊘
The Royal Botanic Gardens, Kew

地址 : Royal Botanic Gardens, Kew Green, Richmond TW9 3AB
建筑类型 : 特色片区
建成年代 : 1759 年
开放时间 : 10:00am-7:00pm

⑱ **邱园蜂巢** ⊘
The Hive

建筑师 : Wolfgang Buttress
地址 : Royal Botanic Gardens, Richmond TW9 3AB
建筑类型 : 景观建筑
建成年代 : 2015 年 (于米兰), 2016 年 (于邱园重建)

⑱ **邱园萨克勒桥**
The Sackler Crossing

建筑师 : John Pawson
地址 : Royal Botanic Gardens, Richmond TW9 3AB
建筑类型 : 其他 / 桥梁建筑
建成年代 : 2006 年

⑱ **邱园树顶走廊**
Kew Tree Top Walkway & Rhizotron

建筑师 : Marks Barfield Architects
地址 : Royal Botanic Gardens, Richmond TW9 2AA
建筑类型 : 景观建筑
建成年代 : 2008 年

蜂巢 / Wolfgang Buttress

Note Zone

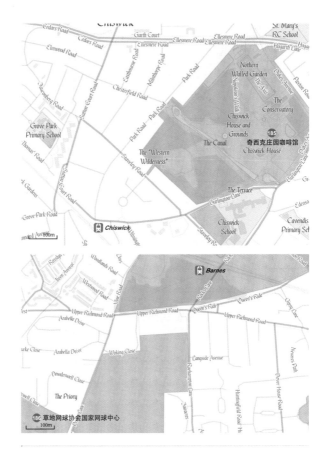

⑱ 奇西克庄园咖啡馆
Chiswick House Café

建筑师 : Caruso St John Architects
地址 : Chiswick House & Gardens, Burlington Ln, Chiswick, London W4 2RR
建筑类型 : 商业建筑
建成年代 : 2010 年

⑱ 草地网球协会国家网球中心
National Tennis Centre, Lawn Tennis Association

建筑师 : 霍普金斯建筑事务所 / Hopkins Architects
地址 : 100 Priory Ln, Roehampton, London SW15 5JQ
建筑类型 : 体育建筑
建成年代 : 2008 年

西克庄园咖啡馆

咖啡馆位于 18 世纪的别
花园内，是花园修复
程的一部分。新建筑
于别墅东侧，采用白
石材，建筑外设有宽
的柱廊。

地网球协会国家网球
心

设计保留了基地的林
现状，借此隐藏部分
筑体。建筑屋顶采用
格结构，覆盖六个常
使用的场地。

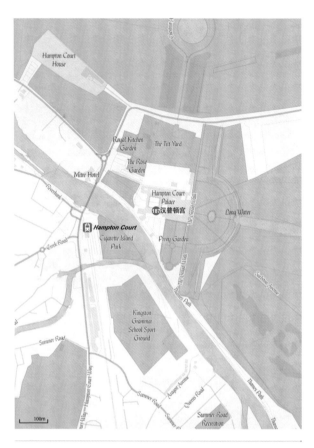

Note Zone

⑱ 汉普顿宫
Hampton Court
Palace

地址：East Molesey,
Surrey KT8 9AU
建筑类型：历史建筑
建成年代：16-17 世纪
开放时间：每天
10:00am-4:30pm

汉普顿宫为英国都铎式
王宫典范，有英国凡尔
赛之称。建筑东西两侧
各有意趣，西面为典型
的亨利时代红色都铎式
王宫与文艺复兴时期的
园林艺术，东面为克里
斯托弗·雷恩设计的巴
洛克式对称型后院。

丁顿零化石能源
发社区

dZED 生态村建在一
废弃土地上，包括公
、联排别墅以及办公
、展览中心、幼儿园、社
俱乐部、足球场等。生
村是英国最大的低碳
持续发展社区，如今
成为世界低碳建筑领
的标杆式先驱。

king 中心住宅

项目是一组形式各
、高度不同、色调不
的多样混合建筑群。建
整体的配色方案从场
之前的建筑和中央植
园的树叶色调获取灵
，整个色彩方案不仅
建筑物的组团结合在
起，而且提升了地区
力。

贝丁顿零化石能源开发社区
BedZED

建筑师：Bill Dunster
地址：24 Helios Rd,
London, Wallington SM6
7BZ
建筑类型：特色片区
建成年代：2002 年

Barking 中心住宅
Barking Central

建筑师：Allford Hall
Monaghan Morris (AHMM)
地址：2 Town Sq, Barking
IG11 7NB
建筑类型：居住建筑
建成年代：2010 年

25
威尔特郡
Wiltshire

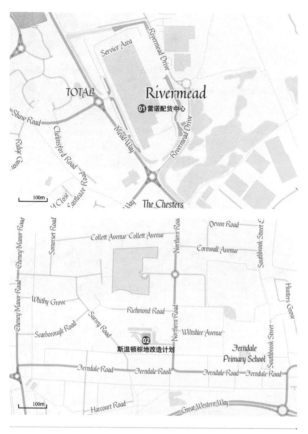

① 雷诺配货中心
Renault Distribution Centre

建筑师：诺曼·福斯特事务所
/ Foster & Partners
地址：Swindon SN5 7UT
建筑类型：工业建筑
建成年代：1982 年

② 斯温顿棕地改造计划
The Triangle, Swindon

建筑师：Glenn Howells Architects
地址：Northern Rd, Swindon SN2 1FP
建筑类型：特色片区
建成年代：2011 年

雷诺配货中心

福斯特的典型作品之一，位于一块不规则的斜坡基地，建筑采用一套桅杆与拱形钢梁组成的结构将所有相关设施都安置在其下。外立面上黄色的结构构件立于玻璃外墙之外，使悬挂在空中的绳拉索和复杂的拱形钢梁组件清晰可见。在每根柱子周围，透明玻璃板形成透空屋顶，满足了室内的自然光需求并取得结构外露的效果。

斯温顿棕地改造计划

本项目围绕着一片村庄绿地建造，景观部分包括一处湿地草坪，以及居民们可自由种植的小花园。两层半的联排房屋包括 2-4 间卧室，末端是三层的公寓楼。所有的房屋都符合英国可持续住房法规标准的第四级标准（Code for Sustainable Homes）。

埃夫伯里和相关遗迹群

巨石阵、埃夫伯里是世界上最大的石阵，共同被列为世界文化遗产。埃夫伯里巨石圈涵盖面积超过 28 英亩，有土墙和沟渠围合，内有 180 颗残缺不全、未经雕琢的直立巨石。它对英国人来说是古老而又神圣的地方。

巨石阵

巨石阵是世界上久负盛名的文化遗产项目，由巨大的石头组成。每块约重 50 吨。巨石阵的主轴线、通往石柱的古道和夏至日早晨初升的太阳在同一直线上。同时，还有两块石头的连线指向冬至日落的方向。它对建筑学和天文学都具有重要意义。

⑬ 埃夫伯里和相关遗迹群
Avebury and
Associated Sites

地址：Avebury, Salisbury
SN8 1RF
建筑类型：其他
建成年代：公元前 17–38 世纪

⑭ 巨石阵 ✅
Stonehenge

地址：Amesbury, Salisbury
SP4 8DE
建筑类型：其他
建成年代：公元前 17–38 世纪

26

伯克郡
Berkshire

建筑数量:02

Farrrnborough

Lambourn

Great Shefford

Chieveley

Yattendon

Pangbourne

Theale

Hungerford

Newbury

West Woo

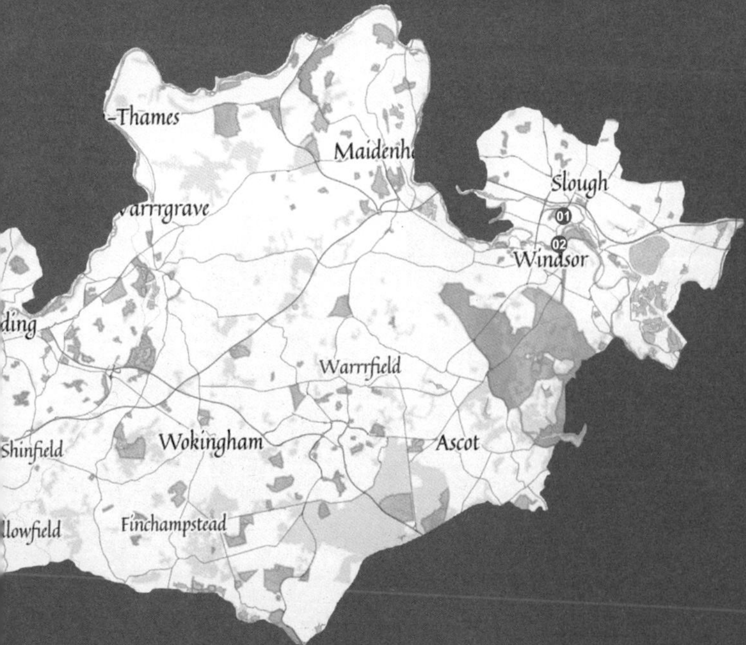

Slough
01
02
Windsor
Warrrfield
Shinfield
Wokingham
Ascot
Finchampstead

Note Zone

01 伊顿公学
Eton College

地址：Windsor SL4 6DW
建筑类型：历史建筑
建成年代：15-19 世纪

伊顿公学

伊顿公学为英国久负盛名的贵族中学。伊顿镇上气氛活泼亲切，商店民居都布置得艳丽可爱、各具特色。公学现被列为一级保护建筑。

温莎城堡

温莎城堡目前是英国王室温莎王朝的家族城堡，也是现今世界最大的仍在使用的城堡。古堡大体分为上区、中区、下区。上区包括13世纪的法庭、滑铁卢厅、圣乔治教堂、餐厅、画室、舞厅等；中区包括花园和圆塔；下区有圣乔治礼拜堂和阿尔伯特纪念礼拜堂等哥特式建筑。自18世纪以来，英国历代君王死后都埋葬在这里。

⑫ 温莎城堡 ✈
Windsor Castle

地址：Windsor SL4 1NJ
建筑类型：历史建筑
建成年代：11-18 世纪

温莎城堡

27

萨默塞特
Somerset

建筑数量：04

Oarrre
Porlock
Minehead
Watchet
Williton
Timberscombe
Stogursey
Nether Stowey
Exmoor
National Park
Wheddon Cross
Roadwater
Crowcombe
Bri
Withypool
Winsford
North P
Brompton Regis
Brompton Ralph
Bishops Lydearrrd
Dulverton
Wiveliscombe
Taunton
Wellington
Corfe
Churchinford
Burn
Be

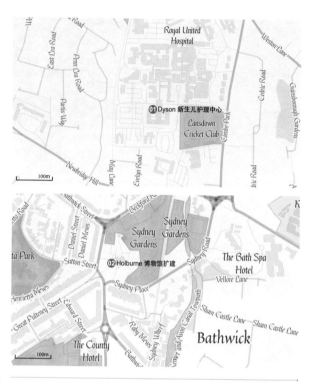

① Dyson 新生儿护理中心
The Dyson Centre for Neonatal Care

建筑师：Feilden Clegg Bradley Studios
地址：Royal United Hospital, Combe Park, Avon BA1 3NG
建筑类型：医疗建筑
建成年代：2011 年

② Holburne 博物馆扩建
The Holburne Museum Extension

建筑师：Eric Parry Architects
地址：Great Pulteney St, Bath BA2 4DB
建筑类型：文化建筑
建成年代：2011 年

Dyson 新生儿护理中心

该项目包括翻新现有建筑和一处新的单层扩建。建筑大量使用层压木板，施工更为安静、快捷。治疗室按顺时针方向排列，从重度监护病房开始，监护等级逐渐降低。这条循环走廊有一系列天窗采光。另外两条走廊连接着现有建筑，并环绕着内部庭院。

Holburne 博物馆扩建

博物馆扩建后增加了800m² 的展览空间，除此之外还新建了一座花园咖啡馆和一部电梯，将博物馆的花园与城市重新连接起来。外观上，扩建部分与原建筑对比强烈。三层高的玻璃垂直展开在立面上，下部全透明，中部1/3 为半透明，顶部为实体的陶瓷板。

Note Zone

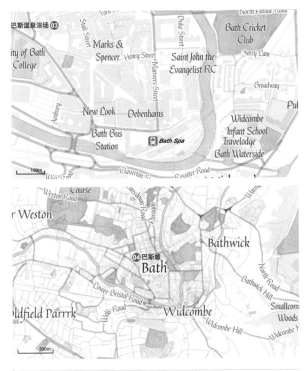

⑬ 巴斯温泉浴场 ✓
Thermae Bath Spa

建筑师：格雷姆肖建筑事务所／
Grimshaw Architects
地址：Hot Bath St，Bath BA1
1SJ
建筑类型：商业建筑
建成年代：2006 年

⑭ 巴斯城 ✓
City of Bath

地址：Bath, Somerset
建筑类型：特色片区
建成年代：1–19 世纪

---

⑬斯温泉浴场

该项目融合传统与现代
建筑，在巴斯的古罗马
温泉浴场旁边复兴了古
老的温泉传统。该浴场
在历史核心区，使用巴
斯石、混凝土、不锈钢
和高性能的玻璃幕墙，形
戈了新旧建筑之间的桥
梁。作为英国历史悠久
且唯一一处自然温泉，新
建成的建筑提供了按摩
房间以及在一层和顶层
的露天浴池。

⑭斯城

"巴斯"一词英语意为沐
浴，反映了该市起源于
温泉浴场的历史。罗马
人入侵不列颠后被此地
的温泉所吸引，修建了
规模宏大的浴场。在斯
图尔特和乔治王朝时期
巴斯进行了大量建设，形
戈规划良好、建筑整齐
的城市格局。城市现已
被列入世界文化遗产。

2日

汉普郡
Hampshire

建筑数量 :02

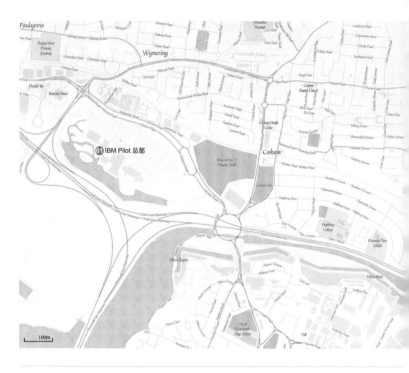

⑪ IBM Pilot 总部
IBM Pilot Head Office

建筑师 : 诺曼·福斯特事务所
／ Foster & Partners
地址 : North Harbour,
Portsmouth PO6 3AU
建筑类型 : 办公建筑
建成年代 : 1971 年

办公楼是一座单层、大进深
的建筑，在一个屋顶下划分
出多个功能区域，最初被作
为临时性建筑而建，但建成
后已使用了超过 40 年。建筑
楼板上安装了活动地板，使计
算机房和办公空间相融合，所
有供给设施都安装在屋顶并
通过中空钢柱向下布线，解
放了内部空间。周围的树木
与景观投射在铜色玻璃上，
使建筑与周围环境更好地融
合。

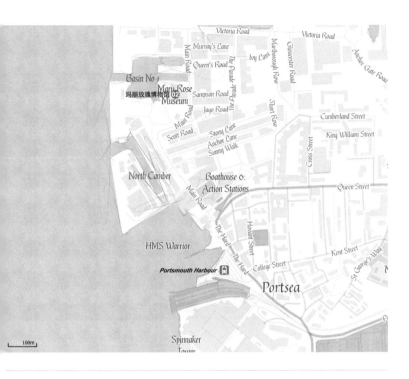

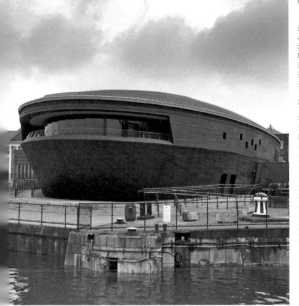

㉒ 玛丽玫瑰博物馆
Mary Rose Museum

建筑师 : Wilkinson Eyre
Architects
地址 : Main Rd,
Portsmouth PO1 3PY
建筑类型 :文化建筑
建成年代 :2013 年
开放时间 :4 月至 10 月
10:00am–5:30pm, 11 月至
3 月 10:00am–5:00pm。

玛丽玫瑰号是亨利八世最钟
爱的战舰，于 1545 年在与法
国的海战中沉没，于 1982 年
在朴次茅斯附近被打捞。该
设计力图打造能体现船只本
身的陈列空间。建筑外形呼
应船只本身的造型、黑色的
木材使人想到英国传统船坞
建筑。博物馆中心陈列船
体，外层陈列墙用于展示随
船打捞的物品，展示区辅以
木板断裂和海风呼啸的背景
声音。

29

萨里
Surrey

建筑数量：04

01 Staines-upo

Trumpsgreen

Lightwater

Bisley

02

03 Woking

ugh

04

Guildford

Farrrnham

Tilford

Godalming

Thursley

Hascombe

Dunsfold

ge
Claygat
Cobham
Banstead
Varrrlingham
B
Leatherhead
Horsley
Oxted
Redhill
Dorking
nall
South Godstone
Leigh
Horley
Dormanslar
Capel

⓵ Savill 访客中心
Savill Building - Windsor Great Park

建筑师：Glenn Howells Architects
地址：Wick Ln, Englefield Green, Egham TW20 0UU
建筑类型：文化建筑
建成年代：2006 年

⓶ 麦克拉伦技术中心
McLaren Technology Centre

建筑师：诺曼·福斯特事务所 / Foster & Partners
地址：Chertsey Rd, Woking GU21 4YH
建筑类型：办公建筑
建成年代：2004 年

Savill 访客中心

访客中心为 Savill 花园和皇家园林提供了新的入口。建筑功能包括售票处、商店、餐厅、讲堂、办公室和一个小花园，建筑整体造型独特，屋顶为起伏的木质壳体，形成一个 120m × 30m 的无柱空间，下部外立面采用大面积玻璃幕墙，整体体块轻盈。

麦克拉伦技术中心

该建筑包括一级方程式赛车和高性能跑车的设计工作室、实验室和测试及生产设施。建筑平面大致呈半圆形，周围有一个湖泊围绕，是建筑冷却系统的主要组成部分。靠湖的建筑外墙是一个连续的弧形玻璃幕墙，上面有悬挑的屋顶伸出。

世界自然基金会英国分会总部生存星球中心

建筑坐落在一个混凝土底座上,一座桥梁连接了内部空间和 Woking 小镇。作为 WWF 英国总部,该中心拥有可供约 300 名员工协同工作的办公室、150 座的会议室、教育设施和体验展示区。中心周围新建了一个湿地,为迁徙的野生动物提供了人工走廊,并增强公众的环境保护意识。

吉尔福德基督学院

该项目采用了一系列以学生体验为核心的技术创新。教室热回收和通风系统与建筑立面相结合,通过热交换创造了一个均衡的环境并使新鲜空气全年进入教室。

③ **世界自然基金会英国分会总部生存星球中心**
WWF-UK's Living Planet Centre

建筑师 : 霍普金斯建筑事务所 / Hopkins Architects
地址 : Brewery Rd, Woking GU21 4LL
建筑类型 : 办公建筑
建成年代 : 2013 年

④ **吉尔福德基督学院**
Christ's College

建筑师 : DSDHA Architects
地址 : Larch Ave, Guildford GU1 1JY
建筑类型 : 教育建筑
建成年代 : 2008 年

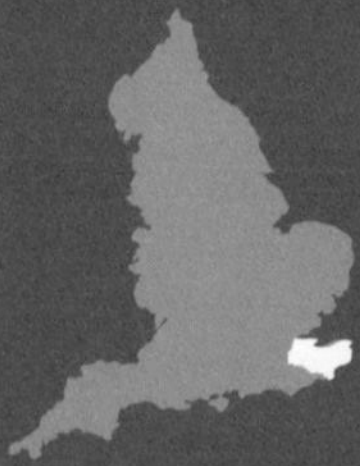

３０

肯特
Kent

Darrtford　Gravesend

Swanley　Longfield　Cobham

Wa...　Sittingbou

Stockbury

Otford　Wrotham

West Malling

Sevenoaks　Maidstone　Hollingbourne

Mereworth

Coxheath　Lenham

Sutton Valence

Tonbridge　Paddock Wood

Penshurst

Royal Tunbridge Wells　Staplehurst　Headcorn　Plu...

Horsmonden

Kilndown　Cranbrook

Tenterden

Linkhill

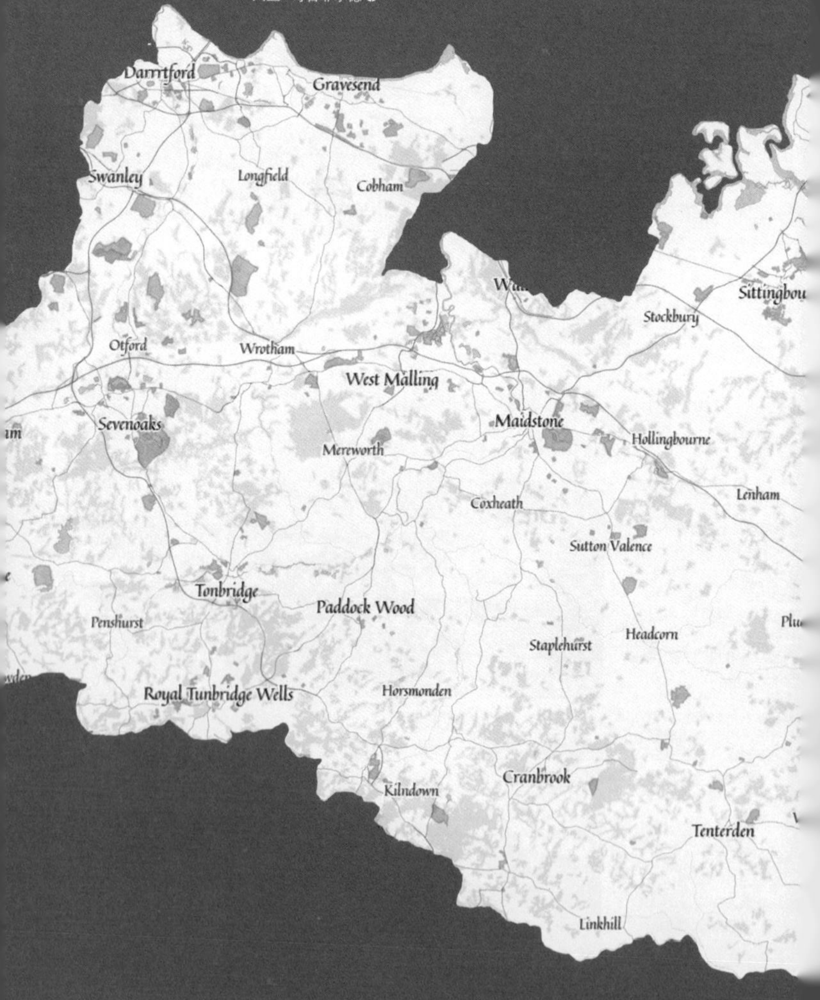

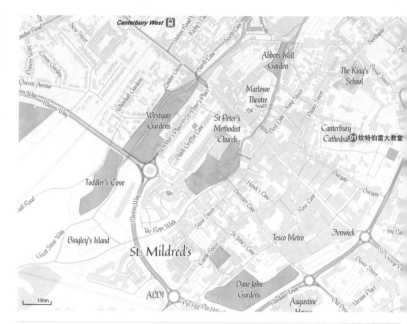

⑨ 坎特伯雷大教堂 ⊘
Canterbury Cathedral

地址：Cathedral House, 11 The Precincts, Canterbury CT1 2EH
建筑类型：宗教建筑
建成年代：11-19 世纪

坎特伯雷大教堂本是英国最古老的教堂，但旧的教堂在1067年时被大火烧毁，后来于公元1070-1174年重建。坎特伯雷大教堂规模恢宏，长约156m，最宽处有50m左右，中塔楼高达78m。该建筑已和圣奥古斯丁修道院、圣马丁教堂一起被列为世界文化遗产。

⑫ 圣奥古斯汀修道院
St Augustine's Abbey

地址 : Longport,
Canterbury CT1 1PF
建筑类型 : 宗教建筑
建成年代 : 6-15 世纪

圣奥古斯汀修道院

圣奥古斯汀修道院是英国留存到现在最古老的教堂之一，已被列为世界文化遗产。修道院成立于 598 年，在英国宗教改革中于 1538 年解散。此后修道院不断衰败，直至 1848 年人们开始认识到它的历史意义并进行保护。

⑬ 圣马丁教堂
St Martin's Church

地址 : N Holmes Rd,
Canterbury CT1 1PW
建筑类型 : 宗教建筑
建成年代 : 6 世纪

圣马丁教堂

圣马丁教堂是英格兰第一家教堂，是一直在使用的最古老的教区教堂，也是整个英语世界最古老的教堂。它与圣奥古斯汀修道院和坎特伯雷大教堂一同体现了基督教在不列颠半岛的发展。

**阿什福德设计师品牌
折扣店**

建筑采用独特的、起伏
的帐篷形态，高耸的垂
直桅杆与建筑水平展开
的态势形成强烈对比。为
了减少建筑在周围环境
中的视觉冲击感，建筑
降低了基底标高。

特纳当代美术馆

该设计力图将戏剧化的
海陆背景和该区域特有
的光照条件发挥到极
致。建筑由六个相同的
单坡体量构成，倾斜角
度一致的屋顶为美术馆
空间提供了北方的入射
光线，并展现出日间和
季节性的光线变化。建
筑材料采用混凝土框架
和抗酸侵蚀的玻璃，以
应对海边的潮湿、强风
以及海水侵蚀。

**❹ 阿什福德设计师品牌
折扣店
Ashford Designer Retail
Outlet**

建筑师：理查德·罗杰斯事务
所／ Rogers Stirk Harbour &
Partners
地址：Kimberley Walk,
Ashford TN24 0SD
建筑类型：商业建筑
建成年代：2000 年

**❺ 特纳当代美术馆 ◎
Turner Contemporary**

建筑师：大卫·奇普菲尔德／
David Chipperfield
地址：1 Rendezvous,
Margate CT9 1HG
建筑类型：文化建筑
建成年代：2011 年

ЗІ
德文
Devon

建筑数量：02

Note Zone

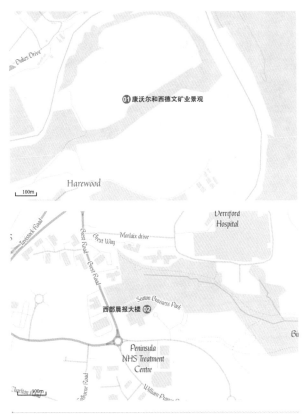

100m

⑪ 康沃尔和西德文矿业景观

从 18 世纪起，随英国工业革命的需要，这里的采矿业迅猛发展，成为全世界的中心，其技术、设备、规则等也传播到全球。后随矿源逐渐枯竭，当年的矿区遗址被保留下来，在康沃尔的九个与德文的一个矿区被列入世界文化遗产名录。本书此处仅标出位于德文郡的一处矿区遗址。

⑫ 西部晨报大楼

建筑形似一艘轮船，立面采用由弯曲钢柱支撑的玻璃幕墙，钢柱从地面直通顶部圈梁，并联结不锈钢绳索辅助受力。立面玻璃幕墙的凹曲形状还有助于减少夏季阳光辐射。

⑪ 康沃尔和西德文矿业景观 ◐
Cornwall and West Devon Mining Landscape

地址 : Calstock PL18 9SQ
建筑类型 : 特色片区
建成年代 : 18–19 世纪

⑫ 西部晨报大楼
Western Morning News Building

建筑师 : 格雷姆肖建筑事务所 / Grimshaw Architects
地址 : 17 Brest Rd, Plymouth PL6 5AA
建筑类型 : 办公建筑
建成年代 : 1993 年

∃⊇

康沃尔
Cornwall

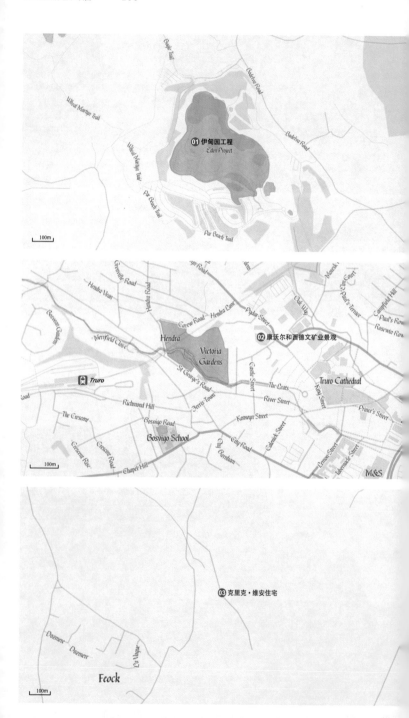

⓵ 伊甸园工程
The Eden Project

建筑师：格雷姆肖建筑事务所
／ Grimshaw Architects
地址：Bodelva Rd,
Bodelva PL24 2SG
建筑类型：文化建筑
建成年代：2001 年

该项目在建成之时是世界上最大的温室，由两个巨大的封闭物体组成。每个封闭物体都模仿一个天然的生物群落。其中较大的温室模拟了热带雨林环境，另一个温室是地中海环境。该建筑由数百个由钢框架支撑的六边形和五边形的单元组成，单元内填充三层 ETFE 薄膜，形成大跨度结构。

**⓶ 康沃尔和西德文矿业
景观 ◐**
**Cornwall and West
Devon Mining
Landscape**

地址：A，Pydar House,
Pydar St，Truro TR1 1XU
建筑类型：特色片区
建成年代：18–19 世纪

从 18 世纪起，随英国工业革命的需要，这里的采矿业迅猛发展，成为全世界的中心，其技术、设备、规则等也传播到全球。后随矿源逐渐枯竭，当年的矿区遗址被保留下来，在康沃尔的九个与德文的一个矿区被列入世界文化遗产项目。本书此处仅标出位于康沃尔郡的一处矿区遗址。

⓷ 克里克·维安住宅
Creek Vean House

建筑师：Team 4 Architects
地址：Pill Ln，Feock TR3
6SD
建筑类型：居住建筑
建成年代：1966 年

这是理查德·罗杰斯夫妇和诺曼·福斯特夫妇从耶鲁毕业并成立 Team 4 之后的最早期作品之一。住宅的业主为苏·罗杰斯的父母。别墅位于一处陡峭的山坡并朝向大海，朝向大海的一面呈折面，以争取最大景观。建筑依势而建，其风格和造型与周围的地貌完美交融。建筑材料采用混凝土砌块和石板地面，同时别墅的阶梯和屋顶上覆满植被，将建筑与环境更好地融合。

∃∃
多塞特
Dorset

建筑数量：01

01 布莱恩斯顿学校的汤姆·惠尔音乐学校／
　　霍普金斯建筑事务所

01 布莱恩斯顿学校的汤姆·惠尔音乐学校

100m

01 布莱恩斯顿学校的汤姆·惠尔音乐学校
The Tom Wheare
Music School,
Bryanston School

建筑师：霍普金斯建筑事务所／Hopkins
Architects
地址：Bryanston
School，Dorset DT11
0PX
建筑类型：教育建筑
建成年代：2014 年

建筑师希望设计能够呼应丰富的周边环境，因此设计了中心庭院式的布局，并将屋顶斜向庭院。建筑的主门厅为通高空间，使得内部可以欣赏外部的森林胜景。音乐厅从中央庭院一直延伸到地下，充分利用了地形变化。建筑两翼包含教室、办公室等。

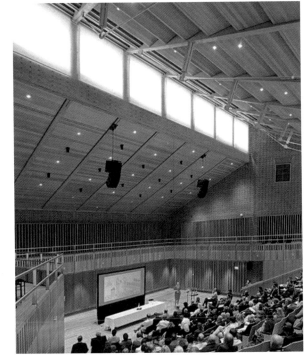

∃Ч
西萨塞克斯
West Sussex

① 劳斯莱斯汽车古德伍德工厂和总部

劳斯莱斯汽车古德伍德工厂和总部

项目建设利用了农村工业废弃场地，实现了对周边环境的更新，对当地的景观和经济产生了积极影响。部分下沉的建筑组合体围绕一个中心庭院布置。所有屋顶上都有绿化，突出工业与自然之间的平衡。

奇切斯特节日剧院改造

该建筑为改造项目，原建筑建于 1962 年。建筑师保持对原建筑的尊重，保留了原始结构，并加入一处钢结构扩建部分。新建筑注重城市空间与建筑内部的联系，一层立面采用玻璃幕墙，并打开楼梯的围护结构，使一层大厅获得充足自然光。

① 劳斯莱斯汽车古德伍德工厂和总部
Rolls-Royce
Manufacturing Plant &
Headquarters

建筑师：格雷姆肖建筑事务所／
Grimshaw Architects
地址：The Dr, Westhampnett,
Chichester PO18 0SH
建筑类型：办公建筑
建成年代：2003 年

② 奇切斯特节日剧院改造
Chichester Festival
Theatre

建筑师：Haworth Tompkins
地址：Oaklands Park,
Chichester PO19 6AP
建筑类型：文化建筑
建成年代：2014 年

35
东萨塞克斯
East Sussex

建筑数量：01

01 戈林德伯恩歌剧院／
　　霍普金斯建筑事务所

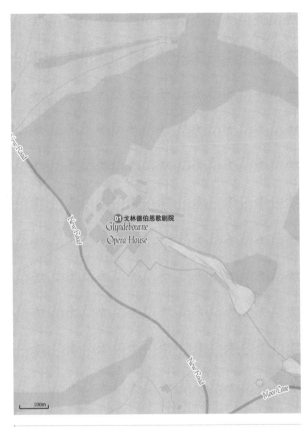

01 戈林德伯恩歌剧院
*Glyndebourne
Opera House*

01 戈林德伯恩歌剧院
Glyndebourne
Opera House

建筑师：霍普金斯建筑
事务所／Hopkins
Architects
地址：New Rd,
Ringmer, East Sussex
BN8 5UU
建筑类型：文化建筑
建成年代：1994 年

该项目是对旧歌剧院的
重建。新建筑在老建筑原
址上旋转了180°，使房
子正前方的空间自然与
花园衔接。新建的音乐
厅和更衣室、休息室、工
作室和办公室等辅助空
间设在三层建筑内，可
观赏园林美景。

苏格兰 scotland

37

36

高地
Highland

建筑数量：01

01 卡洛登战场游客中心／
Gareth Hoskins Architects

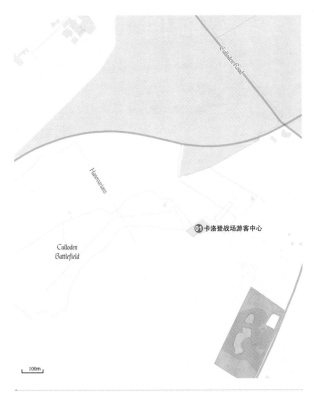

⑳ 卡洛登战场游客中心

Culloden Battlefield
Visitor Centre

建筑师：Gareth Hoskins
Architects
地址：Culloden Moor,
Inverness IV2 5EU
建筑类型：文化建筑
建成年代：2008 年

为避免影响战场遗址，游
客中心选址与战场保持
一段距离，建筑拥有一
个波浪状的屋顶和纪念
长墙，内部包括展览、餐
厅、商店和一个可供眺
望战场的屋顶平台。在
材料上，建筑使用当地
落叶松木和当地石材以
积极呼应周围环境。

37
阿伯丁市
City of Aberdeen

建筑数量：03

Upper
Anguston

Easter
Anguston

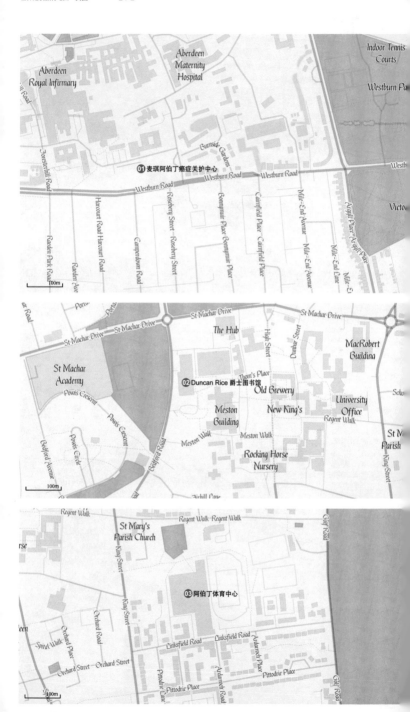

Note Zone

㉛ 麦琪阿伯丁癌症关护中心
Maggie's Aberdeen

建筑师 :Snøhetta
地址 :Aberdeen Royal
Infirmary，Westburn Rd,
Aberdeen AB25 2QY
建筑类型 :医疗建筑
建成年代 :2013 年

㉜ Duncan Rice 爵士图书馆
The Sir Duncan Rice
Library

建筑师 :Schmidt Hammer
Lassen Architects
地址 :University of
Aberdeen，Bedford Rd,
Aberdeen AB24 3AA
建筑类型 :文化建筑
建成年代 :2012 年

麦琪阿伯丁癌症关护中心

这座麦琪中心是位于绿
地边缘的一个独立的鹅
卵石状建筑，白色柔和
的外表皮包裹着内部体
块，二者间产生沟通室
内外的灰空间，与自然
环境形成半界定的关
系。表皮内的木质实体
部分为私密房间。整个
建筑大部分为一层，少
部分有二层夹层作为办
公空间。

Duncan Rice 爵士图书馆

图书馆的中庭连接着八
层楼，螺旋形向上升至
屋顶，每层楼板采用不
同的轮廓，层层嵌套形
成视觉上的联系。建筑
物内部的形式有机变
化，外表的立方体形象
清晰简洁，两者形成建
筑内外的不同体验。

阿伯丁体育中心

建筑内部包含 1 个标准
室内足球场、1 个田径
场、1 个多功能球场、4
个壁球场和若干健身中
心等。建筑师以体育的
趣味性与不同项目对于
空间的需求作为切入点
进行设计。连续的拱状
结构屋顶使体育中心
的内部空间布置更加灵
活，105m 的长桁架结构
具有力量感，而墙壁和
屋顶上精细的构件又展
现出建筑的优雅。

㉝ 阿伯丁体育中心
Aberdeen Regional
Sports Centre

建筑师 :Reiach and Hall
Architects
地址 :Linksfield Rd,
Aberdeen AB24 5RU
建筑类型 :体育建筑
建成年代 :2010 年

∃8
邓迪市
City of Dundee

建筑数量：02

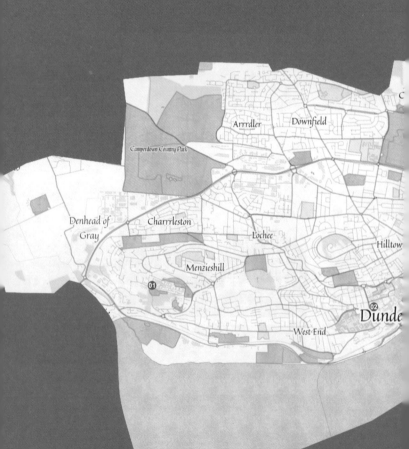

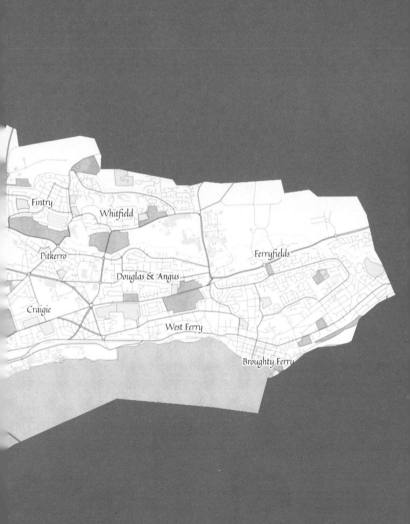

Fintry

Whitfield

Pitkerro

Ferryfields

Douglas & Angus

Craigie

West Ferry

Broughty Ferry

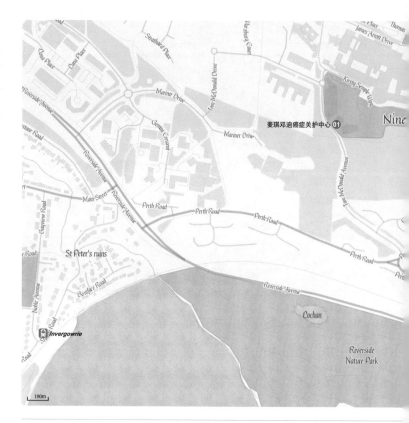

⓪① 麦琪邓迪癌症关护中心 ⊙
Maggie's Dundee
Centre

建筑师：弗兰克·盖里／
Frank Owen Gehry
地址：Ninewells Hospital,
Tom McDonald Ave,
Dundee DD2 1NH
建筑类型：医疗建筑
建成年代：2003 年

该项目是建筑师盖里在英国
的第一个项目。该设计的核
心思想是：所处环境极大地
影响到个人的健康状况。建
筑模仿苏格兰传统的由一间
起居室兼厨房和一间卧室构
成的两室住宅。从入口处看，白
色墙面与金属折叠状屋顶形
成对比。和盖里的其他建筑
一样，该建筑展现出一种非
规律性的、在地且直接的感
情表达。

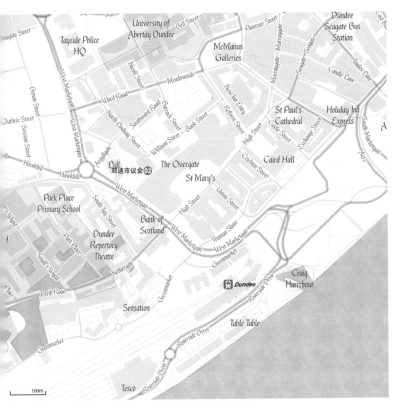

⑫ 邓迪市议会
Dundee City Council

建筑师 : Reiach and Hall Architects
地址 : 50 N Lindsay St, Dundee DD1 1QE
建筑类型 : 办公建筑
建成年代 : 2011 年

建筑坐落在一个原本衰败的城市街区，新建筑结合一座原有的工业建筑建造，新建筑的建成起到振兴该地区的积极作用。建筑新增的三个扭转的体块面向城市，为室内带来广阔的视野，三个大型体量与旧建筑连接在一起。

39

法夫
Fife

Kelty

Car

Cowdenbeath

Comrie

arrrdine

Culross

Dunfermline

Aberdou

Inverkeithing

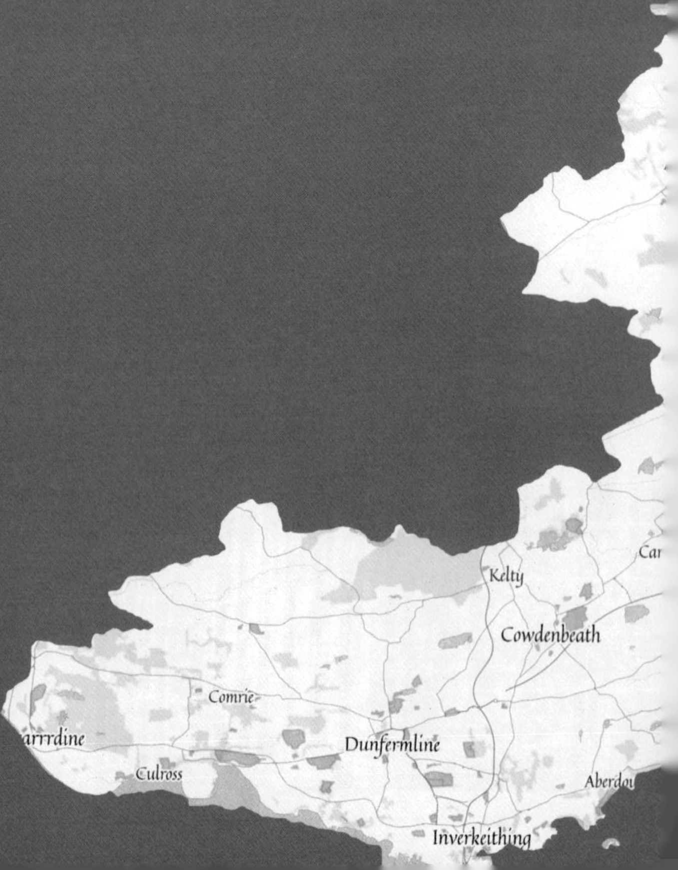

⓪¹ Andrew Melville 公寓
Andrew Melville Hall

建筑师：詹姆斯·斯特林／
James Stirling
地址：1 North Haugh,
St. Andrews KY16 9SU
建筑类型：居住建筑
建成年代：1968 年

这栋典型的带有粗野主义建筑强
调形式语言，利用锯齿形立
面和转角窗创造了强烈的韵
律。同时，内侧的带形窗使
立面不至于过分单调，且与
地形平面相呼应。

⓪² West Burn Lane 住宅
West Burn Lane

建筑师：Sutherland Hussey
Harris
地址：Westburn Ln,
St. Andrews KY16 9TP
建筑类型：居住建筑
建成年代：2015 年

项目场地位于圣安德鲁斯的
历史保护区，呈长条形，垂
直于主街道，一片中世纪石
墙沿着场地延续到主街道。为
呼应古墙和历史街道的色
彩，建筑表面采用米白色
砖，朴素和谐。建筑沿着线
性场地排布，其间穿插公共
或私密庭院，体量之间形成
巷道空间，以调节建筑单体
之间的关系。

⓪³ 麦琪法夫癌症关护中心
Maggie's Fife Centre

建筑师：扎哈·哈迪德／
Zaha Hadid
地址：Victoria Hospital,
Hayfield Rd, Kirkcaldy KY2
5AH
建筑类型：医疗建筑
建成年代：2006 年

该建筑为扎哈在英国的第一
个永久建筑，与其他麦琪中
心相似，该建筑强调自然与
人的融合。建筑为单层，被
周围树木遮蔽，使建筑成为
外部环境与医院之间的过
渡。建筑的屋顶、墙面到地
面为连续的折面，屋顶在北
面延伸为入口，在南面则提
供荫凉，形式和功能进行了
巧妙的融合。

40

格拉斯哥市
City of Glasgow

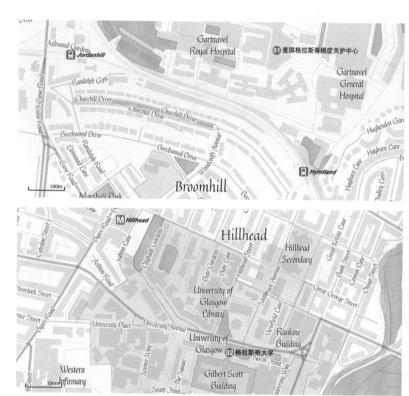

⑪ 麦琪格拉斯哥癌症关护中心
Maggie's Glasgow Centre

建筑师：大都会建筑事务所／OMA
地址：Gartnavel General Hospital, 1053 Great Western Rd, Glasgow G12 0YN
建筑类型：医疗建筑
建成年代：2011 年

⑫ 格拉斯哥大学
University of Glasgow

建筑师：George Gilbert Scott
地址：University Avenue, Glasgow G12 8QQ
建筑类型：教育建筑
建成年代：1891 年

**麦琪格拉斯哥癌症
关护中心**

该建筑为单层，以景观庭院为中心，各功能空间围绕在周围。设计以带给癌症病人情感慰藉为主旨，体块的不规则形态营造出随意闲适的空间体验。充足的阳光透过玻璃走廊进入室内。麦琪中心创始人的女儿 Lily Jenks 设计了内院的景观。

格拉斯哥大学

这是一组哥特复兴风格建筑群，以它的设计者George Gilbert Scott爵士命名。Scott 爵士是维多利亚时代的著名建筑师，有近 800 件建筑作品。但他未能见证这一项目的竣工，这座大楼在他去世后由他儿子指挥完成。

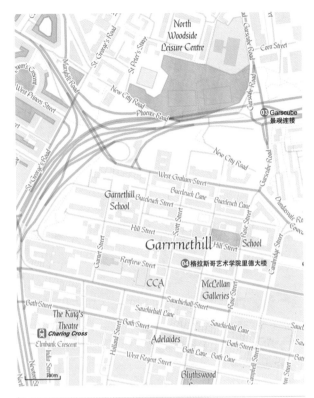

Garscube 景观连接

项目所在地原为一处热闹的集市，但由于地区经济的衰落和快速路的建设，这里变得黑暗、脏乱。该项目旨在改变这一消极空间。建筑师设立了数个景观过渡点。红色的铺地与冰冷的混凝土形成对比，吸引着行人和骑行者。50 株高达 9m 的铝花被涂以橙色、黄色、粉色，并在夜晚为这条路提供照明。

格拉斯哥艺术学院里德大楼

该建筑和建于 1909 年，由苏格兰建筑师 Charles Rennie Mackintosh 设计的格拉斯哥艺术学院大楼形成对比。建筑师希望用玻璃代替石头材质，以光作为空间的主要驱动。建筑内部插入多个纵向的光筒，带给室内自然采光。光筒同时作为竖向拔风装置，改善室内自然通风。

⓷ Garscube 景观连接
Garscube Landscape Link
建筑师：7N Architects + RankinFraser Landscape Architecture
地址：2 Garscube Rd, Glasgow G4 9RQ
建筑类型：景观建筑
建成年代：2010 年

⓸ 格拉斯哥艺术学院里德大楼 ⊘
The Reid Building, The Glasgow School of Art
建筑师：斯蒂文·霍尔／Steven Holl
地址：The Glasgow School of Art, 167 Renfrew St, Glasgow G3 6RQ
建筑类型：教育建筑
建成年代：2014 年

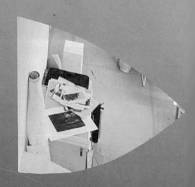

里德大楼内景／斯蒂文·霍尔

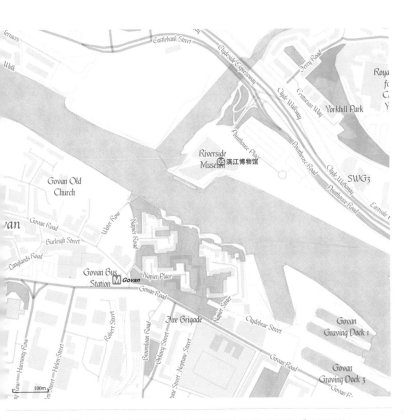

⑤ 滨江博物馆 ✓
Riverside Museum

建筑师：扎哈·哈迪德／
Zaha Hadid
地址：100 Pointhouse Rd,
Glasgow G3 8RS
建筑类型：文化建筑
建成年代：2011 年

该建筑是格拉斯哥从工业城
市转变为文化和体育之城的
标志性项目。项目采用流动
的曲线形外观，以呼应场地
边的河流，建筑内的主要展
览空间没有一根立柱子，为展
览博物馆的世界级收藏提
供了充分的自由度。博物
馆朝向河面的玻璃幕墙长达
36m，屋顶采用锌复合板。

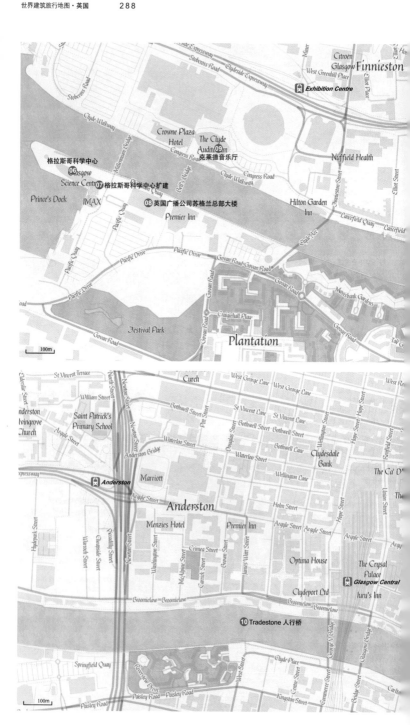

格拉斯哥科学中心
06 Glasgow
Science Centre **07** 格拉斯哥科学中心扩建

08 英国广播公司苏格兰总部大楼

10 Tradestone 人行桥

格拉斯哥科学中心

该项目由 IMAX 剧场、科学城和格拉斯哥三部分组成。科学城和 IMAX 剧场外表皮采用钛合金，分别为豆荚形和蜗牛形，外形极具现代感。格拉斯哥塔则是世界上最高的、可随风自由转动的塔，两分钟便可登上塔顶俯瞰整个城市。

⑥ 格拉斯哥科学中心 ⦿
Glasgow Science Centre

建筑师 : Building Design Partnership (BDP)
地址 : 50 Pacific Quay, Glasgow G51 1EA
建筑类型 : 文化建筑
建成年代 : 2001 年

格拉斯哥科学中心扩建

该项目为科学中心的新入口，设计采用了一个大胆锐利的体块。主立面采用一整面特殊照明的玻璃墙。

⑦ 格拉斯哥科学中心扩建
Glasgow Science Centre Extension

建筑师 : Gareth Hoskins Architects
地址 : 50 Pacific Quay, Glasgow G51 1EA
建筑类型 : 文化建筑
建成年代 : 2007 年

英国广播公司苏格兰总部大楼

广阔的克莱德河和周边的开阔地带构成了建筑背景的主基调。面对开阔的景观，建筑需要形成自身的场所感。设计采用一个层层升高的中庭，中庭由一系列当地红色砂岩建造的平台和台阶组成，形似山体，将所有的工作空间连成一体。

⑧ 英国广播公司苏格兰总部大楼
BBC Scotland at Pacific Quay

建筑师 : 大卫·奇普菲尔德／David Chipperfield
地址 : 40 Pacific Quay, Glasgow G51 1DA
建筑类型 : 办公建筑
建成年代 : 2007 年

克莱德音乐厅

该建筑最大的挑战在于在预算紧张的情况下创造最经济的满足功能需求的建筑结构。建筑师的设计灵感来源于克莱德河地区的造船传统，采用平板材料形成一连串壳体，覆盖不同功能的空间。覆有铝制保护层的外壳白天反射光线，提高了天际线丰富度。建筑内部的空间有足够的灵活性，以适应各种各样的需求。

⑨ 克莱德音乐厅
Clyde Auditorium

建筑师 : 诺曼·福斯特事务所／Foster & Partners
地址 : Finnieston St, Glasgow G3 8YW
建筑类型 : 文化建筑
建成年代 : 1997 年

Tradestone 人行桥

人桥由 S 形桥面和双鳍形结构支架构成。鳍形支架位于甲板之上，降低了甲板的厚度，从而降低了整体成本，并使桥梁整体显得纤薄灵动。

⑩ Tradestone 人行桥
Tradestone Bridge

建筑师 : Dissing + Weitling
地址 : Clyde Pl, Glasgow G2 8AE
建筑类型 : 其他／桥梁建筑
建成年代 : 2009 年

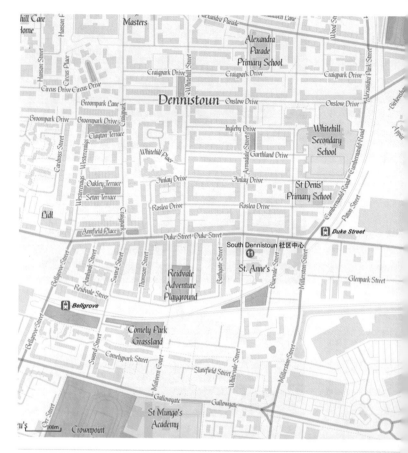

⑪ South Dennistoun
社区中心
South Dennistoun
Neighbourhood
Centre

建筑师：Jmarchitects
地址：13 Whitevale St,
Glasgow G31 1QW
建筑类型：文化建筑
建成年代：2008 年

该项目包括对现有建筑的重
新装修和新功能体的加建，加
建部分对外出租作为社区中
心长期的收入来源。建筑
紧邻一个教堂，加建建筑由
3m×6.5m 的可循环预制墙
板拼合而成，最大限度地减
少了现场结构施工量，工期
极短。在面对砖砌教堂的一
面，加建部分则采用红砖进
行回应。

Note Zone

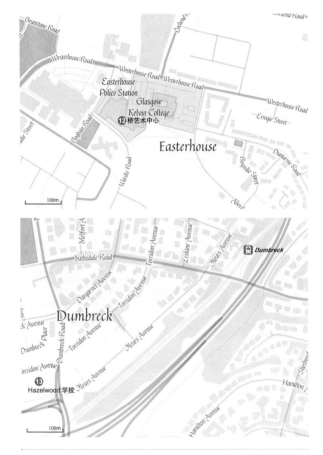

桥艺术中心

艺术中心旨在让居民和
学生都能参与、体验艺
术生活。该建筑提供报
告厅、排练室、录音房、练
习房、画廊、咖啡馆和
社区图书馆等一系列提
高文化生活品质的功能
空间，成为了整个街区
的活动中心。建筑形体
简洁，入口的木质体量
为报告厅，悬浮嵌入玻
璃界面之中，形成独特
的入口空间。

Hazelwood 学校

学校专为失明、聋哑或有
其他残疾的儿童建造，建
筑师旨在为孩子建造一
个方便、安全且能为孩
子们的学习、生活带来
启发的建筑。建筑整体
为流动的曲线形，以适
应场地中既有的树木，并
便于盲童能通过触摸墙
壁到达教室。

⑫ 桥艺术中心
The Bridge Arts Centre

建筑师：Gareth Hoskins
Architects
地址：The Bridge
1000 Westerhouse Rd,
Glasgow G34 9JW
建筑类型：文化建筑
建成年代：2006 年

⑬ Hazelwood 学校
Hazelwood School

建筑师：Gordon Murray +
Alan Dunlop Architects
地址：50 Dumbreck Ct,
Glasgow G41 5DQ
建筑类型：教育建筑
建成年代：2007 年

41
东伦弗鲁郡
East Renfrewshire

建筑数量 :01

01 Linn 工厂／理查德·罗杰斯事务所

01 Linn 工厂

⌊ 100m ⌋

⑪ Linn 工厂
  Linn Products

建筑师:理查德·罗杰斯
事务所／ Rogers Stirk
Harbour & Partners
地址:Glasgow Rd,
Waterfoot,
Glasgow G76 0EQ
建筑类型:工业建筑
建成年代:1987 年

设计服务于高度自动化
的音频设备制造商的需
求。建筑为两个矩形体
块的组合,一个为结合
管理、研究、生产和组
装的多功能建筑,基础
部分在斜坡内;一个是
高度自动化的仓库,通
过机器推车向生产线提供
部件。建筑重复的结构和
墙面系统允许以后根据需
要进行简单的扩建。

42

爱丁堡市
City of Edinburgh

建筑数量 :12

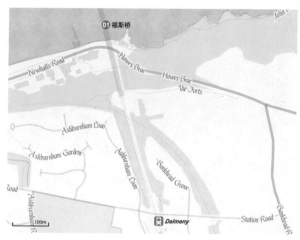

⑪ 福斯桥 ✓
Forth Bridge

建筑师：John Fowler +
Benjamin Baker
地址：Newhalls Rd, South
Queensferry EH30 9TA
建筑类型：其他
建成年代：1890 年

福斯桥

福斯桥仅供铁路使用。它
是一座由众多钢管弦杆
构件组成的双伸臂梁铁
路桥，由三个钢"纺锤形"
桁架和两个钢桁架挂梁
组成，全长 2467m。这
座桥被认为是现代桥
梁史上的一个重要里
程碑，至今仍在使用之
中，已被列为世界文化
遗产。

爱丁堡

麦琪爱丁堡癌症
关护中心

此项目为第一家麦琪中心，项目原址为一组马厩，设计将苏格兰传统石砌工艺与现代建筑方法结合，并于 2001 年完成扩建。麦琪中心旨在通过心灵慰藉以及如家般的关怀服务于癌症病人，受到广大欢迎。由此麦琪中心迅速地在英国展开建设，每一所麦琪中心都邀请当代知名建筑师设计。

⑫ 麦琪爱丁堡癌症关护中心
Maggie's Edinburgh
Centre

建筑师：理查德·墨菲／
Richard Murphy
地址：Western General
Hospital, Crewe Rd South,
Edinburgh EH4 2XU
建筑类型：医疗建筑
建成年代：1996 年

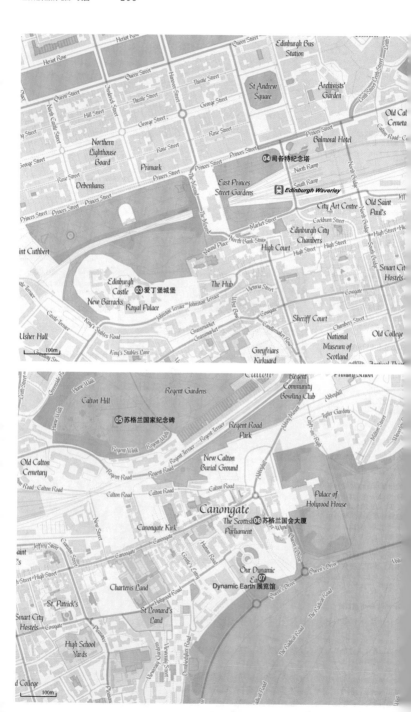

⑬ 爱丁堡城堡 ⊘
Edinburgh Castle

地址：Castlehill,
Edinburgh EH1 2NG
建筑类型：历史建筑
建成年代：12 世纪至今

爱丁堡城堡

城堡位于爱丁堡市的最高山上，站在城堡上可以俯瞰全城。爱丁堡城堡曾经是堡垒、皇宫、军事要塞和国家监狱，因此防御就显得尤为重要，现在在古堡的城墙上，还能看到一排排乌黑的古炮。

⑭ 司各特纪念塔
The Scott Monument

地址：E. Princes St
Gardens, Edinburgh EH2
2EJ
建筑类型：历史建筑
建成年代：1844 年

司各特纪念塔

司各特纪念塔坐落在爱丁堡王子街花园中，为纪念苏格兰作家沃尔特·司各特（Sir Walter Scott）而建。纪念塔高51.12m，整体采用维多利亚哥特式建筑风格，四座小型尖塔拱卫着中央高塔，高塔底部四方都是拱门，塔中央立着白色大理石的司各特雕像。

⑮ 苏格兰国家纪念碑
National Monument of Scotland

地址：Calton Hill,
Edinburgh EH1 3BJ
建筑类型：历史建筑
建成年代：1829 年

苏格兰国家纪念碑

国家纪念碑于 1826 年开始动工兴建，1829 年由于选用的建筑材料造价过高而停工，至今已停工近 200 年。纪念碑整体模仿雅典帕提农神庙设计。

⑯ 苏格兰国会大厦 ⊘
The Scottish Parliament

建筑师：Enric Miralles
地址：Edinburgh EH99 1SP
建筑类型：办公建筑
建成年代：2004 年

苏格兰国会大厦

大楼由若干建筑单体组成，其中一部分为老建筑改建。一个复杂建筑的体量由此削减成若干较小体量，在尺度上呼应了基地附近的老建筑。该建筑群显著的特点在于叶片状的屋顶，其造型来自于苏格兰海边倒置的船只。由于大胆的设计以及工程造价远超预算，该项目受到了公众的大量批评，但在建筑界得到了高度评价。

⑰ Dynamic Earth 展览馆
Dynamic Earth

建筑师：霍普金斯建筑事务所
/ Hopkins Architects
地址：112-116 Holyrood
Gait, Edinburgh EH8 8AS
建筑类型：文化建筑
建成年代：1999 年

Dynamic Earth 展览馆

项目位于 18 世纪的现代地质学之父 James Hutton 工作与生活的地方，旨在通过自然与人造物的鲜明对比呼唤对于人与地球关系的思考。基地周边原有的石墙也被修复，作为展览空间的边界。

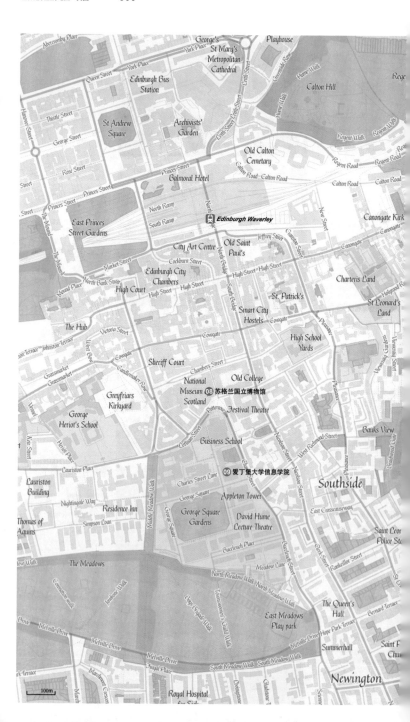

Note Zone

苏格兰国立博物馆

博物馆由两家藏馆合并而成，分别为建于19世纪末的维多利亚风格的皇家博物馆和建于1998年的现代主义风格的苏格兰博物馆。其中苏格兰博物馆的现代性建筑设计与苏格兰独特的历史和自然环境紧密结合，参考了爱丁堡城堡的圆塔，形成对新建筑形式的呼应，立面采用苏格兰金色砂岩以呈现出历史厚重感。博物馆内部于2007至2011年由Gareth Hoskins Architects事务所主持进行了大规模改造。

爱丁堡大学信息学院

该建筑除信息学院外同时作为学校的游客接待中心和展览空间。建筑面对乔治广场，体量敦厚，立面上规律的窗口增强了韵律感。建筑旨在提供一个公共的、充满活力的工作环境，促进人员的正式和非正式交流。

皇家联邦游泳馆

建筑为1970年为举办英联邦运动会而建，并于2009—2012年进行重新翻修。这座建筑也被认为是苏格兰最杰出的现代建筑之一。

⑧ 苏格兰国立博物馆
National Museum of Scotland

建筑师：Benson & Forsyth + Gareth Hoskins Architects
地址：1 Chambers St, Edinburgh EH1 1JF
建筑类型：文化建筑
建成年代：1998年，2011年

⑨ 爱丁堡大学信息学院
School of Informatics, The University of Edinburgh

建筑师：Bennetts Associates Architects
地址：10 Crichton St, Edinburgh EH8 9AB
建筑类型：教育建筑
建成年代：2008年

⑩ 皇家联邦游泳馆
Royal Commonwealth Pool

建筑师：RMJM Architects
地址：21 Dalkeith Rd, Edinburgh EH16 5BB
建筑类型：体育建筑
建成年代：1970年

⑪ 阿卡迪亚托儿所
Arcadia Nursery

建筑师 : Malcolm Fraser
Architects
地址 : Max Born Cres,
Edinburgh EH9 3BF
建筑类型 : 教育建筑
建成年代 : 2014 年

建筑师在访谈中发现了传统托儿所存在空间缺乏联系、与室外环境脱离、共享空间缺乏等问题。为了促进不同年龄段孩子的交流，建筑师设计了一系列自由流动的、相互联系的功能空间，可以根据使用需求进行围合或者开放，并设置多个混合活动房间以促进孩子们在不同活动中互动。

⑫ 爱丁堡的老城和新城

⑫ 爱丁堡的老城和新城 ◌
Old and New Towns of Edinburgh

地址：Edinburgh
建筑类型：特色片区
建成年代：11–19 世纪

从 15 世纪起，爱丁堡就是苏格兰的首都。这座城市的历史片区被列为世界文化遗产。遗产范围由两部分组成，分别为有机形态的中世纪老城，和 18 世纪的中世纪老城，和 18 世纪乔治亚时代结构清晰的新古典主义城市，爱丁堡新城对欧洲城市规划具有广泛的影响。两个历史城区风格既统一和谐又对比分明。

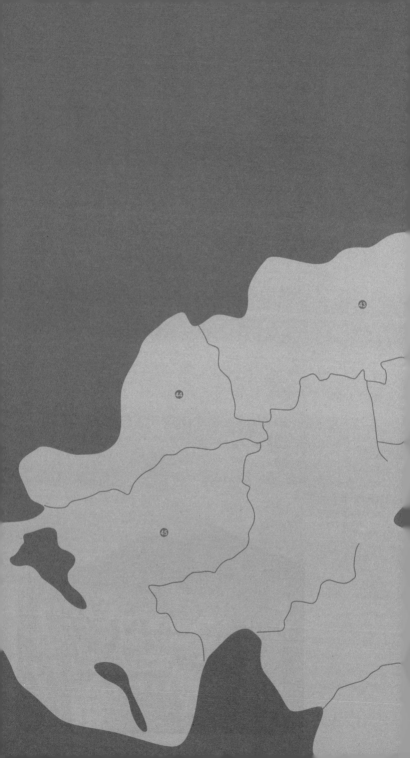

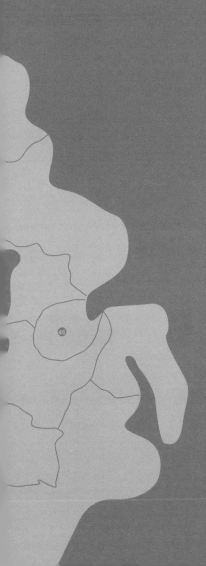

北爱尔兰 Northern Ireland

46

43

堤道海岸和峡谷
Causeway Coast and Glens

建筑数量：01

01 巨人堤游客中心 /
Heneghan Peng Architects

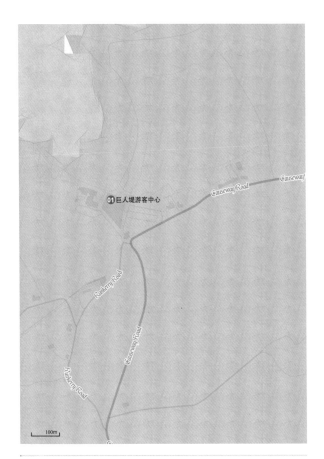

01 巨人堤游客中心
Giants Causeway
Visitor Centre

建筑师 :Heneghan
Peng Architects
地址 :44 Causeway Rd,
Bushmills BT57 8SU
建筑类型 :文化建筑
建成年代 :2012 年
开放时间 :9:00am-
6:00pm

游客中心位于巨人堤世界
遗产入口的坡地上。建筑
以低姿态介入场地，嵌入
坡地当中。建筑在场地中
形成两道"褶皱"，第一
道是延长的山脊线，定义
了建筑的边界；第二道是
道路的延伸，形成地下停
车场，建筑采用当地玄
武岩和玻璃作为建筑材
料，石墙之间嵌入透明玻
璃，由此形成时而透明时
而封闭的空间感受。

44

德里和斯特拉班
Derry and Strabane

Castlederg

Killeter Forest

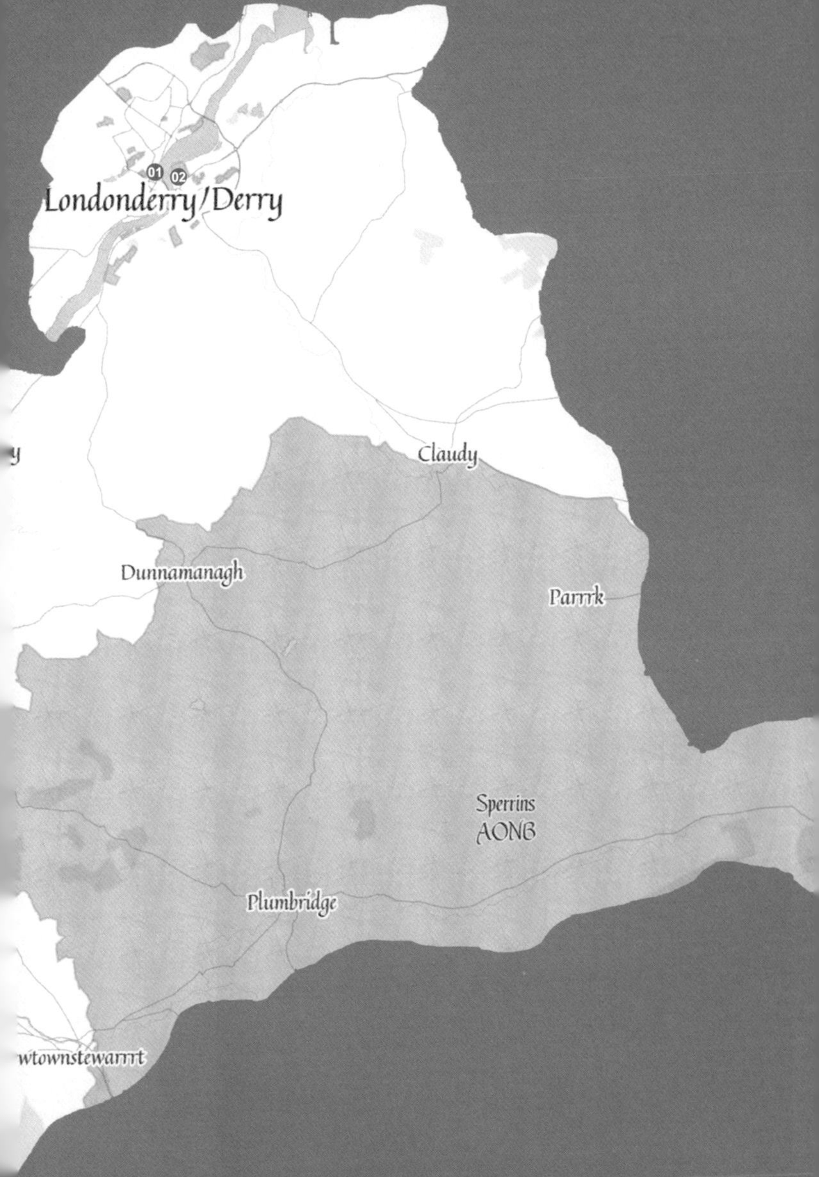
01
02
Londonderry/Derry
y
Claudy
Dunnamanagh
Parrrk
Sperrins
AONB
Plumbridge
wtownstewarrrt

Note Zone

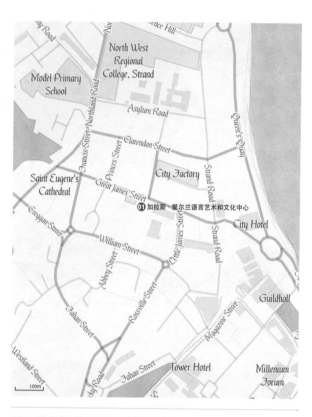

⑨ 加拉斯·爱尔兰语言艺术和文化中心
An Gaelaras Irish Language Arts and Cultural Centre

建筑师：O'Donnell & Tuomey Architects
地址：37 Great James St, Derry BT48 7DF
建筑类型：文化建筑
建成年代：2009 年

建筑位于克拉伦登街（Clarendon Street）保护区，呈南北向的长方形，北向短边面对主干道，剩余三面由现存建筑围合。建筑沿街立面延续了街区原有建筑的窗墙比例。建筑师通过设置一处室内庭院在提供采光的同时最大限度地提高建筑内部与街道的互动。中庭四周围绕着走廊，不同楼层在通高空间中发生交集。

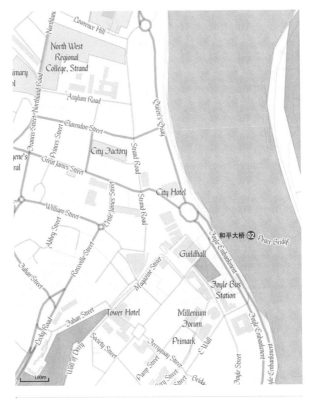

⑫ 和平大桥
The Peace Bridge

建筑师：Wilkinson Eyre
Architects
地址：Queen's Quay,
Derry BT48 7NN
建筑类型：其他／桥梁建筑
建成年代：2011 年

和平大桥是一座步行桥，长
235m，宽 4m。大桥连接
起政见不同的两岸地区，促
进两岸居民融合。桥的灵
感来自于德里市标志性的
握手雕塑（Hands across
the divide sculpture），设
计采用了两个独立的结构
系统，两部分在河中央衔
接，形成"结构的握手"。

45

弗马纳和奥马
Termanagh and Omagh

建筑数量：01

01 Strule 艺术中心 /
Kennedy FitzGerald & Associates

Garden of Light

Sacred Heart   01 Strule 艺术中心

Omagh

Omagh CBS   Omagh Academy

100m

Strule 艺术中心
Strule Arts Centre

建筑师：Kennedy FitzGerald & Associates
地址：Townhall Sq, Omagh BT78 1BL
建筑类型：文化建筑
建成年代：2007 年

艺术中心是一个集剧院、讲堂、画廊、舞蹈工作室和咖啡馆于一体的多功能艺术场馆，可以从高处的高街、新的河边步道或低处的步行桥进入建筑。是奥马镇（Omagh Town）城市更新项目的一部分。

46

贝尔法斯特
Belfast

建筑数量 : 10

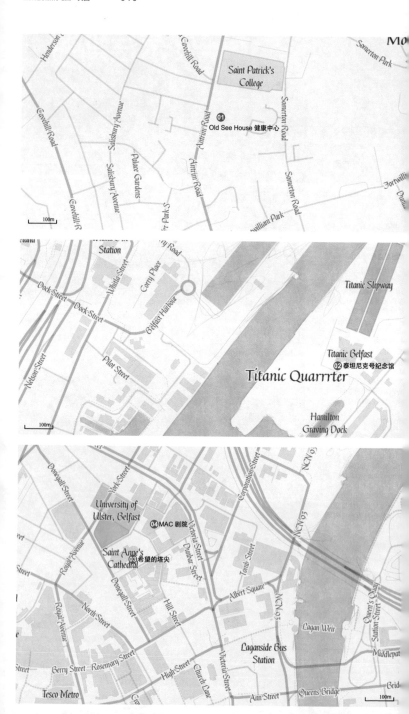

⓵ Old See House 健康中心
Old See House

建筑师：理查德·墨菲 +
RPP Architects / Richard
Murphy+RPP Architects
地址：603 Antrim Rd,
Belfast BT15 4DX
建筑类型：医疗建筑
建成年代：2014 年

⓶ 泰坦尼克号纪念馆
Titanic Belfast

建筑师：CivicArts & Todd
Architects
地址：1 Olympic Way,
Queens Rd, Titanic
Quarter, Belfast BT3 9EP
建筑类型：文化建筑
建成年代：2012 年

⓷ 希望的塔尖
The Spire of Hope

建筑师：Box Architects
地址：Donegall St, Belfast
BT1 2HD
建筑类型：宗教建筑
建成年代：2007 年

⓸ MAC 剧院
The MAC

建筑师：Hackett Hall
McKnight Architects
地址：10 Exchange St,
Belfast BT1 2LS
建筑类型：文化建筑
建成年代：2012 年

Old See House 健康中心

该建筑是一个心理健康
设施，试图探索以社区
为单位的精神卫生服务
新模式，包括一个咨询
中心、治疗中心和针对
不太严重病人的小型住
宿部。建筑呈 U 形围绕
一个中庭花园，U 形的
一侧用于咨询，另一侧
用于门诊。

泰坦尼克号纪念馆

贝尔法斯特有非常发达
的船舶制造工艺，是泰
坦尼克号的建成之地。该
建筑为世界上最大的以
泰坦尼克为主题的游客
中心。它由两部分组
成，形似船头的四翼和
一个连接四部分的中
庭。建筑四翼表面由铝
板通过复杂的三维建模
进行铺贴，形成凹凸的
类似结晶的表面纹理。中
庭则大面积使用玻璃，形
成了虚实的强烈对比。

希望的塔尖

圣安妮大教堂的尖顶已
经缺失了超过百年，新
的设计为拉丝不锈钢尖
顶，达到 73m 高，形似
Ian Richie 设计的都柏
林尖塔。在教堂内部，塔
尖悬浮于祭坛上方，尖
塔穿过屋顶的位置采用
玻璃屋面，为教堂内西
下阳光。

MAC 剧院

该建筑坐落于拥挤的城
市街区，由一个红砖体
块、一个玄武岩石材体
块及一个玻璃体构成。玻
璃体块消解了建筑整体
的厚重感，在夜晚，发
光的玻璃体像是城市灯
塔，成为街区的标志。建
筑内部，一个狭长的中
庭将建筑物分成两半，中
庭两边是裸露的混凝土
和砌体墙表面。建筑的
门厅为公众提供了新的
开放空间，自然光从狭
长高耸的顶部空间投下。

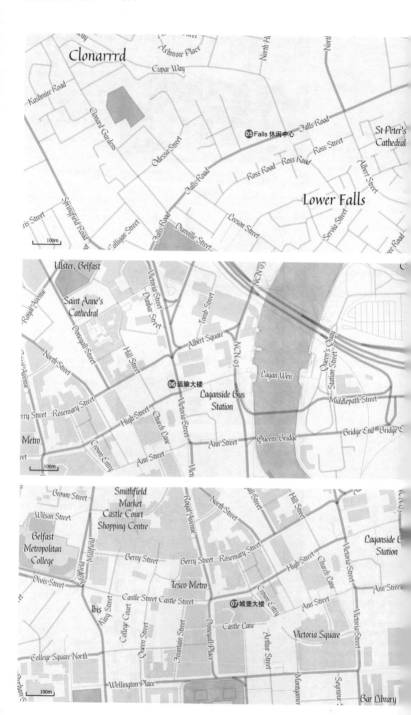

Clonarrd

Ashmore Place
Cupar Way
North H

Kashmire Road
Clonard Gardens

05 Falls 休闲中心

St Peter's
Cathedral

Falls Road

Ross Street
Ross Street

Odessa Street

Lower Falls

Albert Street

Falls Road

Ross Road　Ross Road

ris Street
Springfield Road

Falls Road

Colligan Street

Dunville Street

Leeson Street

Servia Street

100m

Ulster, Belfast

Victoria Street

Tomb Street

NCN 93

Royal Avenue

Saint Anne's
Cathedral

Dunbar Street

Albert Square

Donegall Street

Hill Street

NCN 93

Queen's Quay
Station Street

North Street

06 运输大楼

Lagan Weir

Laganside Bus
Station

Middlepath Street

ry Street　Rosemary Street

High Street

Church Lane

Metro

Crown Entry

Ann Street

Ann Street

Queens Bridge

Bridge End　Bridge E

100m

Brown Street

Smithfield
Market
Castle Court
Shopping Centre

North Street

Hill Street

Wilson Street

Royal Avenue

Laganside B
Station

Belfast
Metropolitan
College

Berry Street　Rosemary Street

High Street

Church Lane

Victoria Street

Divis Street

Berry Street

Tesco Metro

Crown Entry

Ann Street

Ibis

Castle Street　Castle Street

07 城堡大楼

Ann Street

King Street

College Court

Queen Street

Fountain Street

Donegall Place

Castle Lane

Arthur Street

Victoria Square

Victoria Street

College Square North

Wellington Place

Bar Library

100m

05 Falls 休闲中心
Falls Leisure Centre

建筑师：Kennedy
FitzGerald & Associates
地址：15-17 Falls Rd，Belfast
BT12 4PB
建筑类型：体育建筑
建成年代：2005 年

该休闲中心包括体育馆、健身房、会议室、社交场地、游泳池等。建筑包含满铺的地下室以及夹层空间，以满足紧凑场地上的复杂功能需求。建筑师通过使用玻璃、灯光和颜色来营造建筑的创新体验，同时，色彩鲜艳的外墙玻璃面板既吸引人光线又防止室内产生强眩光，从而使自然光线被最大化利用。该建筑作为当地城市更新的催化剂，成为了当地社区的地标。

06 运输大楼
Transport House

建筑师：J. J. Brennan & Co
地址：102 High St，Belfast
BT1 2DL
建筑类型：办公建筑
建成年代：1959 年

该建筑是北爱尔兰最新的保护建筑之一。它是贝尔法斯特联合运输总工会的总部，是该省工会运动的中心。建筑表皮通过马赛克瓷砖拼贴图案，描绘了贝尔法斯特在交通运输领域的多元产业。

07 城堡大楼
Castle Buildings

建筑师：Blackwood and
Jury
地址：8-18 Castle Pl，
Belfast BT1 1GB
建筑类型：商业建筑
建成年代：1905 年

该项目是贝尔法斯特新艺术运动时期建筑的代表，建筑的立面进行了过度的装饰。外立面贴有奶油色和绿色的瓷砖，并具有不规则的天际线、荷兰式山墙、铸铁窗、大型的半圆窗户等。一层被改造，与周围现代建筑保持统一。

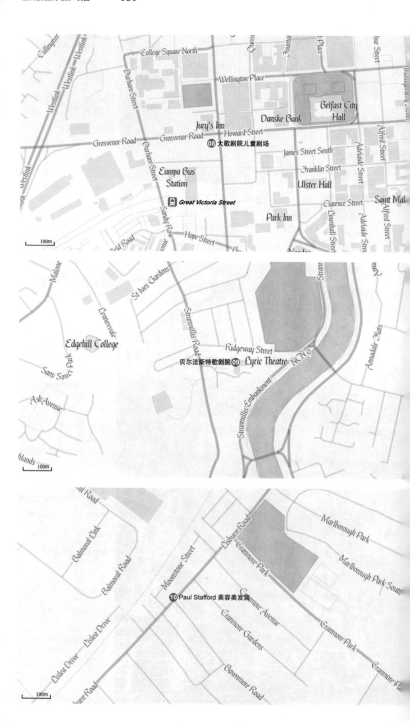

⑧ 大歌剧院儿童剧场
Baby Grand, Grand Opera House

建筑师：Aedas
地址：2-4 Great Victoria St，Belfast BT2 7HR
建筑类型：文化建筑
建成年代：2006 年

大歌剧院儿童剧场

大歌剧院始建于 1895 年，它已损坏并被修复数次。该项目为 2006 年的翻修中在大歌剧院旁边加建的儿童剧院，包括一个大的门厅、延伸舞台的侧翼、服务于艺术家的食宿空间、残疾人通道等。

⑨ 贝尔法斯特歌剧院
Lyric Theatre Belfast

建筑师：O' Donnell & Tuomey Architects
地址：55 Ridgeway St，Belfast BT9 5FB
建筑类型：文化建筑
建成年代：2011 年

贝尔法斯特歌剧院

为了适应场地坡度并同时呼应街道网格和蛇形绿地，建筑在视觉上形成了三个体块，整体采用红砖作为建筑材料以呼应周边尖顶红砖住宅。演出厅内采用木材这一传统材料塑造出不规则几可形式的向心空间。公共空间围绕演出厅布置，大面积玻璃材料使内部空间获得面向河岸的景观。

⑩ Paul Stafford 美容美发店
Paul Stafford Hair and Beauty

建筑师：Robert Jamison
地址：671 Lisburn Rd，Belfast BT9 7GT
建筑类型：商业建筑
建成年代：2008 年

Paul Stafford 美容美发店

该发廊是对贝尔法斯特维多利亚式飘窗建筑的现代诠释。该建筑打破了店铺常规的布局模式，将大的展示窗口放在了二层，通过锈蚀钢板强调出两个开口——门和窗口。从旧建筑回收的砖进行了重新排列，砖的角部朝外，交错着垒砌，形成了和旧建筑不同的表面肌理。

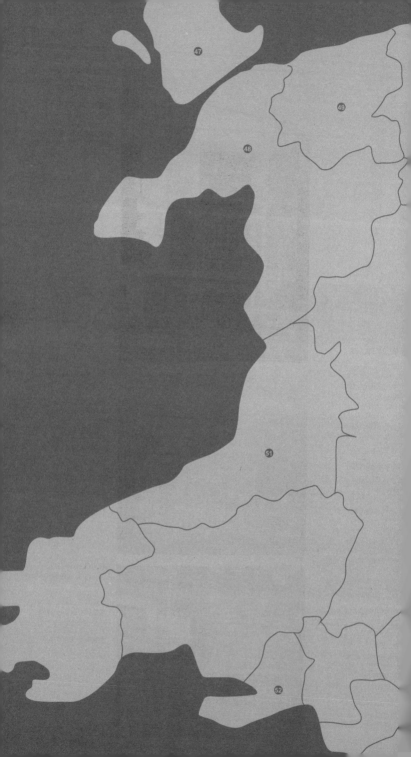

威尔士 wales

47

安格尔西岛
Isle of Anglesey

建筑数量 : 01

01 波马利斯城堡

⓿ 波马利斯城堡
Beaumaris Castle

地址：Castle St,
Beaumaris LL58 8AP
建筑类型：历史建筑
建成年代：14世纪

波马利斯城堡由爱德华
一世建立。在17世纪
沦为废墟，后被作为旅
游景点。历史学家阿诺
德·泰勒把波马利斯城
堡称为英国最完美的对
称规划范例。联合国教
科文组织认为波马利斯
是13世纪晚期和14世
纪初欧洲军事建筑的最
佳范例之一，将其列为
世界文化遗产。

48

格温内斯
Gwynedd

建筑数量 :02

01 卡那封城堡
02 哈莱克城堡

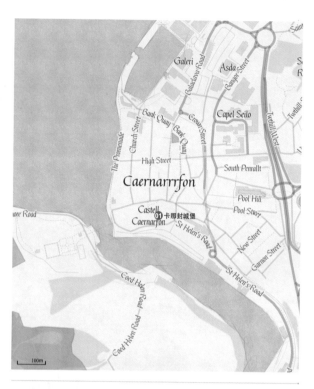

⑪ 卡那封城堡
Caernarfon Castle

地址：Castle Ditch, Caernarfon LL55 2AY
建筑类型：历史建筑
建成年代：14 世纪

爱德华一世时期，卡那封城是北威尔士的行政中心，因此防御工事规模宏大。虽然城堡外观基本完整，但内部建筑已经不复存在。作为爱德华国王统治期间军事建筑的典型代表，卡那封城堡与波马利斯城堡、哈莱克城堡以及康威城墙一同于 1986 年被列为世界文化遗产。

Note Zone

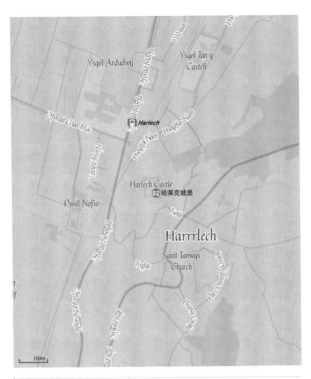

⑫ 哈莱克城堡
Harlech Castle

地址 :Harlech LL46 2YH
建筑类型 :历史建筑
建成年代 :13 世纪

该城堡也是由爱德华一世在入侵威尔士期间建造的，宣示其对威尔士的无上权力。城堡位于61 米高的岩石基座上，布局对称同心，形成多层防御。建筑材料采用当地灰绿砂岩，装饰部分则采用更为柔和的黄色砂岩。

01
02
Colwyn Bay
Conwy
fairfechan
Betws yn Rhos
Eglwysbach
Llanfair Tal
Llansa
Pandy Tudur
Llanrwst
Gwytherin
Capel Curig
Betws y Coed
Dolwyddelan
Rhydlydan

49
康威
Conwy

Bylch

dion

Betws

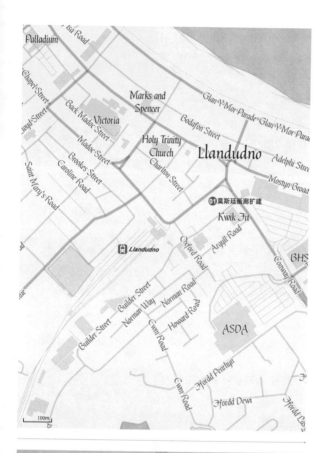

⓵ 莫斯廷画廊扩建
Mostyn Gallery

建筑师：Ellis Williams Architects
地址：12 Vaughan St, Llandudno LL30 1AB
建筑类型：文化建筑
建成年代：2010 年
开放时间：周二至周日 10:30am–4:30pm

该项目是对建于维多利亚时代的二级保护建筑的翻修和扩建，扩建增加了画廊空间、咖啡馆、商店、工作区和教育空间。新增的每个画廊空间都具有略微不同的个性，并通过北向采光技术获得均匀的照明。在入口接待空间和画廊空间之间，设计采用了有模板纹理的混凝土作为界定。

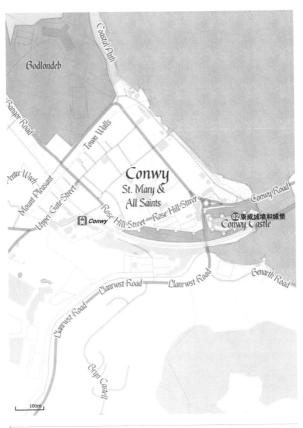

⑫ 康威城墙和城堡
Conwy Town Walls

地址：Conwy Rd,
Conwy LL32 8DE
建筑类型：历史建筑
建成年代：13 世纪

康威城墙与城堡一同修
建，以形成一个完整的
防御体系。城墙修建于
1283－1287 年间，即爱德
华一世在北威尔士的第
二次战役期间。城墙总
长 1.3 公里，设有 21 座
塔楼和 3 座门楼，呈三
角形包围了 10 公顷的城
镇，这处中世纪城墙几
乎完好地保留下来，非
常罕见。

50
雷克塞姆
Wrexham

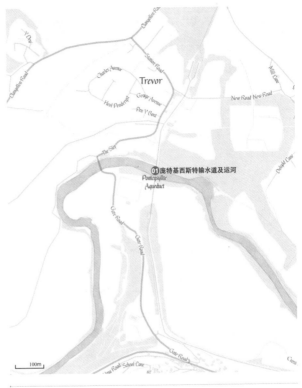

01 庞特基西斯特输水道及运河
Pontcysyllte
Aqueduct

**① 庞特基西斯特输水道
及运河** ✿
Pontcysyllte
Aqueduct and
Canal

地址：Station Rd, Trevor
Basin, Wrexham LL20
7TG

建筑类型：其他

建成年代：1805 年

项目位于威尔士东北
部，运河总长 18km，建
于工业革命时期，在当
时满足了巨大的运输要
求。水道桥长 307 米，使
用铸铁与锻铁使桥洞的
拱形结构轻且坚固，桥
梁整体既具有纪念性又
优雅。输水道及运河为
土木工程经典作品，已
被列入世界文化遗产。

51

锡尔迪金
Ceredigion

建筑数量 :01

01 Aberystwyth 艺术家工作室 /
Heatherwick Studio

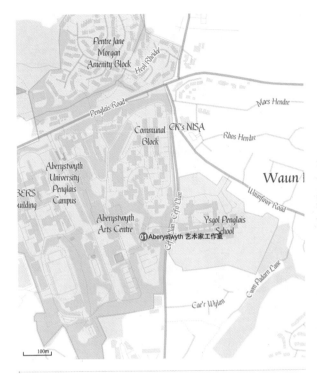

⓿ Aberystwyth 艺术家工作室
Aberystwyth Artist Studios

建筑师 : Heatherwick Studio
地址 : Aberystwyth University, Aberystwyth SY23 3DE
建筑类型 :教育建筑
建成年代 :2009 年

该项目为 16 个低造价艺术家工作室，为了保持场地的森林环境，建筑师选择采用 8 个小型体块。每个体块被从中间切断并拉开，形成中间的共享入口空间，入口空间也可提供通风和采光。建筑师采用了特殊的表皮——与烹饪锡箔一样薄的褶皱不锈钢板，并通过在钢板背面喷涂保温泡沫使之获得保温性能，这种超薄处理使不锈钢板的造价大为降低。

52
斯旺西市
Swansea

建筑数量 :01

01 麦琪斯旺西癌症关护中心／
黑川纪章 + Garbers & James Architects

⓪① 麦琪斯旺西癌症关护
中心
Maggie's Swansea

建筑师：黑川纪章 +
Garbers & James
Architects / Kisho Kuro
Kawa + Garbers &
James Architects
地址：Singleton
Hospital, Sketty Ln,
Sketty, Swansea SA2
8QL
建筑类型：医疗建筑
建成年代：2011 年

该项目的设计概念为
"宇宙漩涡"（cosmic
whirlpool），黑川纪章希
望它"从大地中伸出，如
旋转的星系"，两臂一
面欢迎来客，另一面拥
抱自然。旋转形体的中
心是一个厨房，两边的
侧翼是私人房间和露台
等。建筑师黑川纪章不
幸在 2007 年去世，英国
建筑师 Thore Garbers
和 Wendy James 在他的
初步设计基础上将这一
方案具体实施。

53
托法恩
Torfaen

建筑数量 :01

01 布莱纳文工业景观 ✔

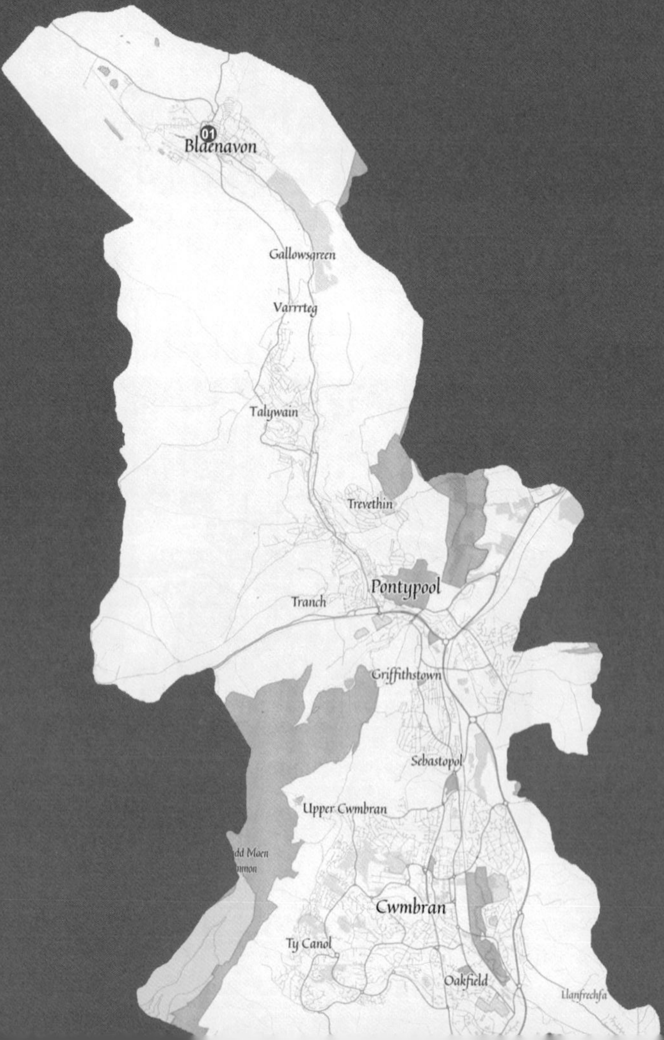

Blaenavon

Gallowsgreen

Varrrteg

Talywain

Trevethin

Pontypool

Tranch

Griffithstown

Sebastopol

Upper Cwmbran

dd Maen
mmon

Cwmbran

Ty Canol

Oakfield

Llanfrechfa

⑪ 布莱纳文工业景观 ❂
Blaenavon
Industrial
Landscape

地址：Church Rd,
Blaenavon NP4 9AS
建筑类型：特色片区
建成年代：19 世纪

布莱纳文工业景观位于威尔士南部里德河（Afon Lwyd）源头。周边地区是 19 世纪全球主要煤、铁主产地。至今仍留有露天矿场、原始的铁路系统、熔炉、工人住所以及社区服务设施。目前这些矿坑和厂房都已关闭，成为供后人参观回味的博物馆，被列为世界文化遗产。

54

卡迪夫市
Cardiff

建筑数量：02

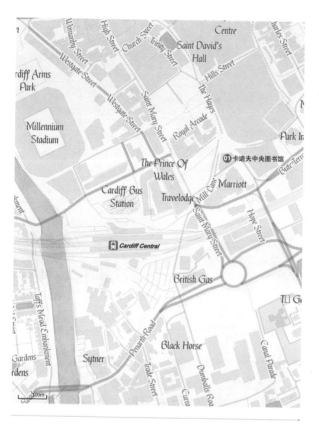

① 卡迪夫中央图书馆
Cardiff Central
Library

建筑师 :Building Design
Partnership (BDP)
地址 :The Hayes,
Cardiff CF10 1FL
建筑类型 :文化建筑
建成年代 :2009 年

图书馆提供了使所有市
民都可享受学习、思考
和休闲的环境。外立面
部分采用条形铜板，取
意书架上放置的书本，这
一现代建筑凸显于周边
环境，是卡迪夫市中心
复兴的主要项目。

Note Zone

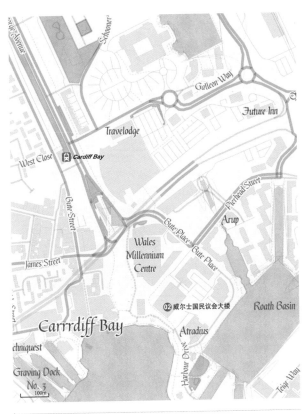

建筑师：理查德·罗杰斯
事务所／Rogers Stirk
Harbour & Partners
地址：Cardiff Bay,
Cardiff CF99 1NA
建筑类型：办公建筑
建成年代：2005年

议会大楼位于卡迪夫原
先的码头区，它的高度
透明性体现了民主价值
观的开放性和参与感。公
共空间位于高起的石板
贴面基座上，行政空间
位于基座以下，基座中
间打开以漏下阳光照亮
下层空间，石板基座还
能起到缓解室温变化，从
而节约能耗的作用。起伏
的轻质屋顶贯通内外，屋
顶被辩论大厅穿透。

55

纽波特市
Newport

建筑数量 : 02

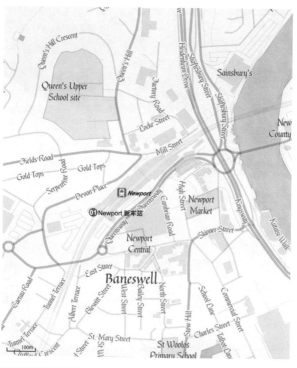

① Newport 新车站
Newport Station

建筑师：阿特金斯＋格雷姆肖建筑事务所 / Atkins + Grimshaw Architect
地址：Newport NP20 4NP
建筑类型：交通建筑
建成年代：2010 年

该车站是由英格兰进入威尔士的第一站，是威尔士的"门户"。两个位于铁路两侧的圆顶建筑通过横跨铁路的天桥被连接起来，屋顶材料采用ETFE 充气薄膜，建筑重量大为减轻，用钢量也相应降低。车站内具有很强的识别性和导向性。

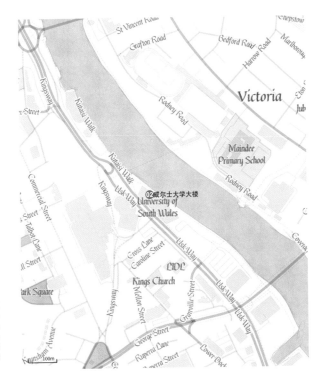

02 威尔士大学大楼
 University of Wales
 Building, Newport
 City Campus

建筑师：Building Design
Partnership (BDP)
地址：Usk Way,
Newport NP20 2BP
建筑类型：教育建筑
建成年代：2011 年

项目用地非常紧凑，因
此在垂直方向上进行功
能划分，分为商学院、艺
术、媒体和设计学院。一
层设有公共展览、讲座
和表演艺术空间。中层
容纳图书馆和餐厅，是
社交中心。上层为格局
灵活的工作室和教学空
间，悬浮的黄色盒内部
是玻璃中庭。

索引 · 附录 Index / Appendix

按建筑师索引| Index by Architects

注：建筑师按照姓名英文字母顺序排列。

按建筑功能索引　Index by Fuctions

注：根据建筑的不同性质，本书收录的建筑被分成文化建筑、办公建筑、教育建筑、居住建筑、育建筑、交通建筑、商业建筑、旅馆建筑、工业建筑、医疗建筑、历史建筑、宗教建筑、景观建特色片区、其他等 15 种类型。

■文化建筑（博物馆、美术馆、剧院等）

图片出处　Picture Sources

注：未标明出处的图片均为作者拍摄。

■英格兰

泰恩 - 威尔

01 诺曼·福斯特事务所提供，Nigel Young 拍摄
02 https://commons.wikimedia.org/wiki/File:Gateshead_Millennium_Bridge_-_coming_down.jpg
03 http://www.usa.lighting.philips.com/cases/cases/bridges-monuments-facades/the-toffee-factory

达勒姆

01 https://commons.wikimedia.org/wiki/Category:Durham_Castle#/media/File:City_of_Durham_(13270321503).jpg
02 https://upload.wikimedia.org/wikipedia/commons/a/ad/Cathedral_of_Durham_06.JPG
03 https://upload.wikimedia.org/wikipedia/commons/d/d6/Apollo_pavilion.jpg
04 https://commons.wikimedia.org/wiki/File:Infinity_Bridge_(32620656354).jpg

北约克郡

01 https://upload.wikimedia.org/wikipedia/commons/1/1d/Fountains_Abbey_View.jpg
02 http://www.google.cn/maps/@51.5372361,0.0806777,3a,75y,282.31h,96.17t/data=!3m6!1e1!3m4!1sA9DBhqR3cHPIRlGPFWqCmg!2e0!7i13312!8i6656

兰开夏

01 https://upload.wikimedia.org/wikipedia/commons/3/30/Brockholes_Visitor_Centre.JPG

西约克郡

01 https://upload.wikimedia.org/wikipedia/commons/f/f4/Saltaire_%2828374726270%29.jpg
02 https://upload.wikimedia.org/wikipedia/commons/5/5a/Broadcasting_place%2C_Leeds%2CEngland.jpg
03 https://upload.wikimedia.org/wikipedia/commons/f/fa/The_Hepworth_Wakefield_-_geograph.org.uk_-_1507085.jpg

东约克郡

01 https://upload.wikimedia.org/wikipedia/commons/a/a2/Junction%2C_Goole_-_geograph.org.uk_-_1776279.jpg
02 http://www.archcy.com/focus/daily_focus/WAF2/180a0004a36886bf

默西塞德

01 https://upload.wikimedia.org/wikipedia/commons/e/ef/Flickr_-_ronsaunders47_-_ALBERT_DOCK._LIVERPOOL_UK._5.jpg
02 https://upload.wikimedia.org/wikipedia/commons/f/f3/Liverpool_One_%2836503692576%29.jpg
03 https://upload.wikimedia.org/wikipedia/commons/5/56/Everyman_Theatre%2C_Liverpool_2018.jpg

大曼彻斯特

01 https://upload.wikimedia.org/wikipedia/commons/3/37/Lowry_Hotel_2006.jpg
02 https://upload.wikimedia.org/wikipedia/commons/a/ab/Piccadilly_Grdns.jpg
03 https://upload.wikimedia.org/wikipedia/commons/f/f1/Civil_Justice_Centre_glass_facade.JPG

04 https://upload.wikimedia.org/wikipedia/commons/f/f6/Manchester_School_of_Art_%281%29.jpg

05 https://upload.wikimedia.org/wikipedia/commons/1/1d/Whitworth_Gallery_extension_%281696765757 2%29.jpg

06 https://upload.wikimedia.org/wikipedia/commons/5/54/Chips_apartment_building%2C_Manchester.jpg

07 https://upload.wikimedia.org/wikipedia/commons/e/e0/Imperial_War_Museum_2008cropped.jpg

08 https://upload.wikimedia.org/wikipedia/commons/e/ea/Beetham_Tower_Manchester_April_2006.jpg

09 诺曼·福斯特事务所提供，Nigel Young 拍摄

—— 南约克郡

01 http://www.google.cn/maps/@51.5372361,0.0806777,3a,75y,282.31h,96.17t/data=!3m6!1e1!3m4!1sA9DBhqR3cHPIRlGPFWqCmg!2e0!7i13312!8i6656

02 https://upload.wikimedia.org/wikipedia/commons/5/52/Sheffield_Crucible_theatre.png

03 https://upload.wikimedia.org/wikipedia/commons/e/e5/St_Pauls_Sheffield_1.png

04 https://upload.wikimedia.org/wikipedia/commons/2/27/Sheffield%2C_Charles_Street_Car_Park_-_geograph.org.uk_-_1290472.jpg

05 https://upload.wikimedia.org/wikipedia/commons/8/83/Park_Hill%2C_Sheffield%2C_April%2C_2012_.jpg

06 Project Orange 事务所提供，Jack Hobhouse 拍摄

57 页图片 Project Orange 事务所提供，Jack Hobhouse 拍摄

—— 德比郡

01 https://upload.wikimedia.org/wikipedia/commons/4/46/BelpermillEast.JPG

—— 诺丁汉郡

01 https://upload.wikimedia.org/wikipedia/commons/8/83/Maggies_Cancer_Care_Center_at_Nottingham_City_Hospital.JPG

02 https://upload.wikimedia.org/wikipedia/commons/c/c3/Newton_Building%2C_Nottingham_Trent_University.jpg

03 https://upload.wikimedia.org/wikipedia/commons/6/68/Inland_Revenue_buildings_and_Nottingham_Castle_-_geograph.org.uk_-_318478.jpg

—— 施洛普

01 https://upload.wikimedia.org/wikipedia/commons/8/86/IRONBRIDGE_GORGE_SHROPSHIRE_THE_IRON_BRIDGE.JPG

—— 莱斯特郡

01 http://www.google.cn/maps/@51.5372361,0.0806777,3a,75y,282.31h,96.17t/data=!3m6!1e1!3m4!1sA9DBhqR3cHPIRlGPFWqCmg!2e0!7i13312!8i6656

02 https://upload.wikimedia.org/wikipedia/commons/4/4d/National_Space_Centre%2C_Leicester.jpg

03 https://upload.wikimedia.org/wikipedia/commons/a/ad/Leicester_University_Engineering_Building.jpg

—— 西米德兰兹

01 https://upload.wikimedia.org/wikipedia/

commons/7/78/Library_of_
Birmingham_%2832845351642%29.
jpg

02 https://upload.wikimedia.
org/wikipedia/commons/c/c0/
The_National_SEA_LIFE_Centre_
Birmingham.jpeg

03 https://upload.wikimedia.org/
wikipedia/commons/0/09/The_
Cube_birmingham.jpg

04 https://upload.wikimedia.
org/wikipedia/commons/6/69/
Selfridges-Birmingham-silhoettes.jpg

沃里克郡

01 https://upload.wikimedia.org/
wikipedia/commons/4/40/Astley_
Castle_Across_the_Moat.JPG

02 https://upload.wikimedia.org/
wikipedia/commons/d/df/Royal_
Shakespeare_Theatre_2011.jpg

03 https://upload.wikimedia.org/
wikipedia/commons/d/d3/BFI_
New_Master_Film_Store_Gaydon_-_
vista.jpg

诺福克

01 https://upload.wikimedia.
org/wikipedia/commons/4/46/
Universität_von_East_Anglia.jpg

02 https://upload.wikimedia.
org/wikipedia/commons/2/2b/
Sainsbury_Centre_for_Visual_Arts_2.
jpg

03 http://www.google.cn/maps/@5
1.5372361,0.0806777,3a,75y,282.31h
,96.17t/data=!3m6!1e1!3m4!1sA9DB
hqR3cHPIRIGPFWqCmgl2e0!7i13312
!8i6656

剑桥郡

01 https://upload.wikimedia.
org/wikipedia/commons/3/36/Maxwell_
Fry_Gropius_Impington_Village_
College_front_2006.jpg

09 https://upload.wikimedia.

org/wikipedia/commons/a/
a1/University_of_Cambridge_
Computer Laboratory.jpg

12 https://upload.wikimedia.org/
wikipedia/commons/0/0f/The_
Chapel_Pembroke_College4.jpg

14 https://upload.wikimedia.
org/wikipedia/commons/
a/a3/American_Air_
Museum_%2814158704628%29.jpg

贝德福德郡

01 诺曼·福斯特事务所提供

萨福克

01 https://upload.wikimedia.
org/wikipedia/commons/7/7d/
Foster_-_Willis_Faber_and_Dumas_
Headquarters_Ipswich.jpg

02 https://upload.wikimedia.org/
wikipedia/commons/0/06/
DSC_8728-balancing-barn.JPG

03 Jarmund Vigsnaes Architects 提
供，Nils Petter Dale 拍摄

牛津郡

02 https://upload.wikimedia.org/
wikipedia/commons/b/b1/James_
stirling%2C_florey_building%2C_oxf
ord_1966-1971_%285103816331%29.
jpg

03 http://www.
worldarchitecturenews.com/
project-images/2012/20140/
berman-guedes-stretton/shulman-
auditorium-in-oxford.html?img=1

04 http://www.google.
cn/maps/@51.7570546,-
1.2460942,3a,85.6y,291.55h,97.63t/
data=!3m6!1e1!3m4!1s6dspwsj-Z4W
Vwkq5CekXVw!2e0!7i13312!8i6656

05 https://upload.wikimedia.org/
wikipedia/commons/f/fe/Stcatz_
East_Outside_Quad.JPG

06 https://upload.wikimedia.org/
wikipedia/commons/1/16/Oxford_

StPaul_Blavatnik_west.jpg
07 https://upload.wikimedia.org/
wikipedia/commons/2/28/Denys_
Wilkinson_Building%2C_University_
of_Oxford_-_Banbury_Road.jpg
08 https://upload.wikimedia.org/
wikipedia/commons/6/65/Thomas_
White_Quad.jpg
09 https://upload.wikimedia.
org/wikipedia/commons/d/d7/
Ashmolean_Museum_Atrium_
Oxford_2009.jpg
10 https://upload.wikimedia.org/
wikipedia/commons/a/a9/Oxford_
Ice_Rink.jpg
11 https://upload.wikimedia.
org/wikipedia/commons/0/0a/
Maggie%27s_Centre%2C_Oxford.
jpg
12 https://upload.wikimedia.
org/wikipedia/commons/8/8b/
Bishop_Edward_King_
Chapel_%28inside%29-130928.JPG
13 https://upload.wikimedia.
org/wikipedia/commons/4/4e/
University_College_Oxford_Boat_
Club_Boathouse.JPG
14 https://upload.wikimedia.org/
wikipedia/commons/d/db/River-
Rowing-Museum-Henley.jpg
110-111 页图片由 Unsplash，Sidharth
Bhatia 拍摄

白金汉郡

01 https://upload.wikimedia.
org/wikipedia/commons/4/43/
Garsington_Opera_pavilion_at_
Wormsley_%28geograph_2993101
%29.jpg

赫特福德

01 Tim Crocker 提供

埃塞克斯

01 https://upload.wikimedia.
org/wikipedia/commons/8/80/

Stansted-front-01.jpg
02 http://www.google.
cn/maps/@51.5912185,-
0.8629339,3a,15y,286.13h,91.92t/
data=!3m6!1e1!3m4!1sxx-9wUQUski
B9BYQxBK4Ow!2e0!7i13312!8i6656

大伦敦

01 Erect Architecture 提供，David
Grandorge 拍摄
03 https://commons.wikimedia.
org/wiki/File:Hopkins_House_(1976).
jpg
05 https://upload.wikimedia.
org/wikipedia/commons/5/56/
Lords_Cricket_Ground_-_
June_2011_-_The_Iconic_Media_
Centre_%285850018929%29.jpg
06 https://upload.wikimedia.
org/wikipedia/commons/0/0a/
Penguin_Pool_London_Zoo_2.jpg
07 http://www.google.cn/maps/@
51.5372361,0.0806777,3a,75y,282.31
h,96.17t/data=!3m4!1sA9D
BhqR3cHPlRlGPFWqCmg!2e0!7i133
12!8i6656
08 https://upload.wikimedia.
org/wikipedia/commons/7/74/
Sainsbury%27s_supermarket_on_
Camden_Road_-_geograph.org.
uk_-_776557.jpg
17 https://upload.wikimedia.
org/wikipedia/commons/6/6d/
Lubetkin_Finsbury_Health_Centre.
jpg
21 https://commons.wikimedia.
org/wiki/File:Bridge_Academy_-_
geograph.org.uk_-_1135590.jpg
22 https://upload.wikimedia.org/
wikipedia/commons/6/62/Keeling_
House.jpg
23 https://commons.wikimedia.
org/wiki/File:Mossbourne_
community_academy_1.jpg
24 https://commons.wikimedia.
org/wiki/Category:Queen_
Elizabeth_Olympic_Park#/media/
File:Olympic_Park,_London,_16_

April_2012.jpg

25 https://commons.wikimedia.
org/wiki/File:London_Olympic_
Velodrome_(15849289680).jpg

26 https://commons.wikimedia.org/
wiki/File:London_Olympic_Stadium_
May_15.jpg

27 https://commons.wikimedia.org/
wiki/Category:London_Aquatics_
Centre#/media/File:London_
Aquatics_Centre,_16_April_2012.jpg

28 https://www.uel.ac.uk/discover/
library

30 http://www.google.cn/maps/@5
1.5372361,0.0806777,3a,75y,282.31h
,96.17t/data=!3m6!1e1!3m4!1sA9DB
hqR3cHPlRlGPFWqCmg!2e0!7i13312
!8i6656

32 https://upload.wikimedia.org/
wikipedia/commons/e/ef/Lubetkin_
Hallfield_Estate.jpg

36 https://www.johnsiskandson.
com/espertise/residential/10-
weymouth-street-london

45 诺曼·福斯特事务所提供，Nigel
Young 拍摄

54 http://www.google.
cn/maps/@51.5145731,-
0.1167889,3a,75y,188.87h,90t/data=
!3m7!1e1!3m5!1sjP6Cs7MKYBpGkYE
93bZ2UA!2e0!6s%2F%2Fgeo0.ggpht.
com%2Fcbk%3Fpanoid%3DjP6Cs7
MKYBpGkYE93bZ2UA%26output%3
Dthumbnail%26cb_client%3Dmaps_
sv.tactile.gps%26thumb%3D2%26w
%3D203%26h%3D100%26yaw%3D18
5.54764%26pitch%3D0%26thumbfov
%3D100!7i13312!8i6656

58 http://www.mimoa.eu/
projects/United%20Kingdom/
London/100%20Wood%20Street/

71 http://commons.wikimedia.org/
w/index.php?search=paternoster
+vent&title=Special:Search&go=G
o&searchToken=1hjsveumzgfm4vr
401vslz59q#/media/File:London_-_
Bishops_Court_-_Sculpture_
by_Thomas_Heatherwick_-_
Paternoster_Vent_1.jpg

87 https://commons.wikimedia.
org/wiki/File:London_tower_
hill_08.03.2013_15-26-33.jpg

88 https://commons.wikimedia.org/
wiki/File:London_wall_outside_the_
Museum_of_London_1.jpg

89 https://upload.wikimedia.org/
wikipedia/commons/2/2c/Tower_
of_London_viewed_from_the_
River_Thames.jpg

98 https://upload.wikimedia.org/
wikipedia/commons/0/07/The_
Shard_from_the_Sky_Garden_2015.
jpg

99 https://upload.wikimedia.
org/wikipedia/commons/a/a9/
Guy%27s_Hospital%2C_Main_
entrance_-_geograph.org.uk_-
_1024299.jpg

102 https://upload.wikimedia.org/
wikipedia/commons/6/63/Tower_
Bridge_from_Shad_Thames.jpg

104 https://upload.wikimedia.org/
wikipedia/commons/9/9d/Fashion_
and_Textile_Museum_-_geograph.
org.uk_-_1292084.jpg

107 https://upload.wikimedia.org/
wikipedia/commons/1/17/Canary-
wharf-one.jpg

116 https://upload.wikimedia.
org/wikipedia/commons/6/61/
Kensington-Palace.jpg

118 https://upload.wikimedia.
org/wikipedia/commons/8/8c/
Serpentine_Sackler_Gallery%2C_
June_2016_07.jpg

122 http://www.mt-bbs.com/
thread-369356-1-1.html

126 http://www.google.cn/
maps/@51.4930284,-0.1677682,3a,6
7.9y,345.33h,95.58t/data=!3m6!1e1!
3m4!1spxT7oOvOW9BevlLvMIQ4vg!
2e0!7i13312!8i6656

129 https://upload.wikimedia.org/
wikipedia/commons/1/16/Marble_
Arch_%2812752227463%29.jpg

132 https://www.booking.com/
hotel/gb/cafe-royal.zh-cn.
html?aid=801256;label=baidu-

hotel-cafe-royal-
KINGfdUrNbBBGojDKqLw7A-
16083802702;sid=3e06acad3a058
f810ce98b26e4ba5699;dest_id=-
2601889;dest_type=city;dist=0;ha
pos=1;hpos=1;room1=A%2CA;sb_
price_type=total;srepoch=1515243
254;srfid=637bd9f5ae1a96bfd3ebd
2bbcb1036e906899a06X1;srpvid=59
b15aba75d8081c;type=total;ucfs=1
&#hotelTmpl

137 https://upload.wikimedia.org/
wikipedia/commons/9/97/Big_Ben_
at_sunset_-_2014-10-27_17-30.jpg

138 https://upload.wikimedia.
org/wikipedia/commons/3/38/
StMargaretsChurch.jpg

144 https://site.douban.
com/131894/widget/
notes/5665575/note/218147011/

157 https://upload.wikimedia.
org/wikipedia/commons/6/6d/
St_Mary_and_Montevetro_-_
geograph.org.uk_-_286714.jpg

161 https://upload.wikimedia.org/
wikipedia/commons/8/85/London_
MMB_18_Battersea_Power_Station.
jpg

162 https://www.designboom.
com/architecture/big-bjarke-
ingels-group-battersea-
power-station-malaysia-
square-11-13-2014/

166 http://claphammanor.
lambeth.sch.uk

170 https://commons.wikimedia.
org/wiki/File:View_From_
Greenwich_Park_(2)_-_geograph.
org.uk_-_1472569.jpg

172 https://upload.wikimedia.
org/wikipedia/commons/
e/ec/Greenwich_-_Grand_
Square_-_View_SE_-_Old_Royal_
Naval_College_-_Architect_Sir_
Christopher_Wren_1712.jpg

174 http://www.google.cn/maps/
@51.5372361,0.0806777,3a,75y,282.
31h,96.17t/data=!3m6!1e1!3m4!1sA
9DBhqR3cHPIRIGPFWqCmg!2e0!7i1

3312!8i6656

175 https://commons.wikimedia.
org/wiki/File:WembleyStadiumView
FromWembleyWay.JPG

176 https://upload.wikimedia.org/
wikipedia/commons/9/9a/Brent_
Civic_Centre_and_Wembley_
Library_%2813830389734%29.jpg

177 https://upload.wikimedia.
org/wikipedia/commons/6/60/
Heathrow_Terminal_5_-_Transport_
links.jpg

179 Jestico & Whiles 事务所提供 , Tim
Crocker 拍摄

180 https://upload.wikimedia.org/
wikipedia/commons/0/00/Kew_
Palace_Kew_Gardens.jpg

187 https://upload.wikimedia.
org/wikipedia/commons/f/f3/
Hampton-Court-B.jpg

188 https://upload.wikimedia.
org/wikipedia/commons/0/05/
BedZED_2007.jpg

威尔特郡

01 诺曼·福斯特事务所提供

02 http://www.google.
cn/maps/@51.5912185,-
0.8629339,3a,15y,286.13h,91.92t/
data=!3m6!1e1!3m4!1sxx-9wUQUski
B9BYQxBK4Ow!2e0!7i13312!8i6656

03 https://upload.wikimedia.
org/wikipedia/commons/8/8c/
Avebury_henge_and_village_
UK.jpg

04 https://upload.wikimedia.
org/wikipedia/commons/1/14/
Stonehenge%2C_Avebury_and_
Associated_Sites-110981.jpg

巴克夏郡

01 https://upload.wikimedia.
org/wikipedia/commons/a/
a5/MK17839_Eton_College_
Weston%27s_Yard.jpg

02 https://upload.wikimedia.org/
wikipedia/commons/7/75/Castell_

de_Windsor.JPG
236-237 页图片来自 Unsplash

萨默赛特

01 Feilden Clegg Bradley Studios 提
供，Craig Auckland fotohaus 拍摄
02 https://upload.wikimedia.org/
wikipedia/commons/thumb/c/
ca/Holburne_Museum_estension.
jpg/1280px_Holburne_Museum_
estension.jpg

汉普郡

01 http://www.google.
cn/maps/@50.8388754,-
1.0711435,3a,75y,232.53h,76.06t/dat
a=!3m6!1e1!3m4!1srMeppKIXEt3U8u
8LpWdxuQ!2e0!7i13312!8i6656
02 https://upload.wikimedia.org/
wikipedia/commons/9/9e/Mary_
Rose_Museum.jpg

萨里

01 https://upload.wikimedia.org/
wikipedia/commons/1/1f/Savill_
Building_-_geograph.org.uk_-
_1801440.jpg
02 https://upload.wikimedia.
org/wikipedia/commons/1/17/
McLaren_Technology_Centre_
geograph-4478964-by-Alan-Hunt.
jpg
03 http://www.google.
cn/maps/@51.5912185,-
0.8629339,3a,15y,286.13h,91.92t/
data=!3m6!1e1!3m4!1sxx-9wUQUski
B9BYQxBK4Ow!2e0!7i13312!8i6656
04 http://www.google.
cn/maps/@51.5912185,-
0.8629339,3a,15y,286.13h,91.92t/
data=!3m6!1e1!3m4!1sxx-9wUQUski
B9BYQxBK4Ow!2e0!7i13312!8i6656

肯特

01 https://upload.wikimedia.

org/wikipedia/commons/7/77/
Canterbury_Cathedral_05.JPG
01 https://commons.wikimedia.org/
wiki/File:Canterbury_Cathedral_
Choir_2,_Kent,_UK_-_Diliff.jpg
02 https://upload.wikimedia.org/
wikipedia/commons/0/00/St_
Augustine%27s_Abbey_Missionary_
School_buildings.jpg
03 https://en.wikipedia.org/wiki/St_
Martin%27s_Church,_Canterbury#/
media/Fille:Canterbuty_St_Martin_
close.jpg
04 https://upload.wikimedia.
org/wikipedia/en/8/84/Ashford_
Designer_Outlet_%282007%29.jpg
05 Richard Brgant 拍摄
254 页图片 Richard Brgant 拍摄

德文

01 https://upload.wikimedia.org/
wikipedia/commons/d/dd/1646_-_
Hayle_Estuary_from_the_electric_
works.jpg
02 http://www.google.
cn/maps/@51.5912185,-
0.8629339,3a,15y,286.13h,91.92t/
data=!3m6!1e1!3m4!1sxx-9wUQUski
B9BYQxBK4Ow!2e0!7i13312!8i6656

康沃尔

01 https://upload.wikimedia.org/
wikipedia/commons/f/fd/The_
Eden_Project%2C_Cornwall.JPG
02 https://upload.wikimedia.org/
wikipedia/commons/5/57/Levant-
Mine-by-John-Gibson.jpg
03 https://upload.wikimedia.org/
wikipedia/commons/f/f2/Creek_
Vean_House_Pill_Creek.jpg

多赛特

01 https://www.bryanston.co.uk/
gallery/?pid=201&gcatid=2

西萨赛克斯

01 http://www.google.
cn/maps/@50.8534037,-
0.7369541,3a,75y,115.37h,91.12t/
data=!3m7!1e1!3m5!1snp2ekXWl
CeVt907yV9wrtw!2e0!6s%2F%2Fg
eo0.ggpht.com%2Fcbk%3Fpanoi
d%3Dnp2ekXWlCeVt907yV9wrtw
%26output%3Dthumbnail%26cb_
client%3Dmaps_sv.tactile.gps%26t
humb%3D2%2w%3D203%26h%3D
100%26yaw%3D128.74803%26pitch
%3D0%26thumbfov%3D100!7i13312!
8i6656
02 https://upload.wikimedia.
org/wikipedia/commons/8/8c/
Chichester_Festival_Theatre%2C_
Sussex_-_geograph.org.uk_-
_1760414.jpg

东萨赛克斯

01 https://upload.wikimedia.
org/wikipedia/commons/d/da/
Glyndebourne_-_geograph.org.
uk_-_1067515.jpg

■苏格兰

高地

01 https://upload.wikimedia.
org/wikipedia/commons/a/a9/
Culloden_battlefield_-_geograph.
org.uk_-_1800929.jpg

阿伯丁市

01 https://upload.wikimedia.
org/wikipedia/commons/5/5b/
Maggie%27s_Centre%2C_
Aberdeen_Royal_Infirmary-
geograph-4277045-by-Bill-Harrison.
jpg
02 https://upload.wikimedia.org/
wikipedia/commons/2/23/2nd_
Sep_2012-New_Lib_4.JPG
03 https://upload.wikimedia.org/

wikipedia/commons/5/54/8th_
Dec_2012-_Abdn_Sports_Village_10.
JPG

邓迪市

01 https://upload.wikimedia.org/
wikipedia/commons/f/f3/Maggies_
centre_Dundee.jpg
02 https://upload.wikimedia.org/
wikipedia/commons/9/94/Dundee_
House.jpg

法夫

01 http://www.google.
cn/maps/place/
Morshead+Rd,+Plymouth+PL6+5AD
英国 /@50.4132308,
4.1174503,1075m/data=!3m1!1e3!4m
5!3m4!1s0x486ced2fb963535b:0xa5e
5fd24d2397cbd!8m2!3d50.4077345!
4d-4.1329039
02 http://www.google.
cn/maps/place/
Morshead+Rd,+Plymouth+PL6+5AD
英国 /@50.4132308,
4.1174503,1075m/data=!3m1!1e3!4m
5!3m4!1s0x486ced2fb963535b:0xa5e
5fd24d2397cbd!8m2!3d50.4077345!
4d-4.1329039

格拉斯哥市

01 大都会建筑事务所提供，Philippe
Ruault 拍摄
02 https://upload.wikimedia.
org/wikipedia/commons/d/d4/
South_portal_of_the_University_of_
Glasgow.jpg
03 http://zhan.renren.com/suron333
?gid=367494609208146890&checke
d=true
04 斯蒂文·霍尔建筑事务所 , Iwan
Baan 拍摄
288 页图片由斯蒂文·霍尔建筑事务所
提供 ,Alan McAteer 拍摄
05 https://upload.wikimedia.
org/wikipedia/commons/3/3a/

Riverside_museum%2C_
Glasgow_%282586621 5950%29.jpg
06 https://upload.wikimedia.
org/wikipedia/commons/a/a6/
Glasgow_Science_Centre_and_
Tower.jpg
07 https://upload.wikimedia.
org/wikipedia/commons/a/ac/
Glasgow_Science_Centre_-_
geograph.org.uk_-_909286.jpg
08 https://upload.wikimedia.org/
wikipedia/commons/7/7b/BBC_
Scotland.jpg
09 诺曼·福斯特事务所提供，Neil
Young 拍摄
10 https://upload.wikimedia.
org/wikipedia/commons/4/42/
Glasgow_tradestonbridge.JPG
11 Jmarchitects 提供，Andrew Lee
拍摄
12 http://www.google.
cn/maps/@50.8534037,-
0.7369541,3a,75y,115.37h,91.12t/
data=!3m7!1e1!3m5!1snp2ekXWl
CeVt907yV9wrtw!2e0!6s%2F%2Fg
eo0.ggpht.com%2Fcbk%3Fpanoi
d%3Dnp2ekXWlCeVt907yV9wrtw
%26output%3Dthumbnail%26cb_
client%3Dmaps_sv.tactile.gps%26t
humb%3D2%26w%3D203%26h%3D
100%26yaw%3D128.74803%26pitch
%3D0%26thumbfov%3D100!7i13312!
8i6656
13 https://www.burohappold.com/
projects/hazelwood-school/

东伦弗鲁郡

01 http://www.google.
cn/maps/place/
Linn+Products+Ltd/@55.7566014,-
4.2872946,17z/data=!4m5!3m4!1
s0x4888386c65ecebe9:0x97ed9
d97f255bb87!8m2!3d55.7566395!
4d-4.2883882

爱丁堡市

01 https://upload.wikimedia.

org/wikipedia/commons/6/61/
ForthRailwayBridge.jpg
02 https://upload.wikimedia.
org/wikipedia/commons/c/
c6/Maggie%27s_Centre%2C_
Edinburgh.jpg
03 https://upload.wikimedia.
org/wikipedia/commons/e/ef/
Edinburgh_Castle_Rock.jpg
04 https://upload.wikimedia.
org/wikipedia/commons/b/b4/
Edinburgh_Scott_Monument.jpg
05 https://upload.wikimedia.
org/wikipedia/commons/b/bc/
National_Monument_of_Scotland_
evening.JPG
06 https://en.wikimedia.org/wiki/
Scottish_Parliament_Building#/
media/File:Scottish_Parliament_
Building_and_adjacent_water_
pool,_2017.JPG
07 https://upload.
wikimedia.org/wikipedia/
commons/0/02/Dynamic_Earth_
Centre_4_%284530953317%29.jpg
08 https://upload.wikimedia.
org/wikipedia/commons/b/b2/
Museum_of_Scotland.jpg
09 https://upload.wikimedia.org/
wikipedia/commons/8/8f/School_
of_Informatics%2C_Edinburgh_
University_-_geograph.org.uk_-
_754152.jpg
10 https://upload.wikimedia.org/
wikipedia/commons/0/0d/Royal_
Commonwealth_Pool.jpg
11 https://upload.wikimedia.org/
wikipedia/commons/4/4f/Arcadia_
Nursery_%2815184164010%29.jpg
12 https://upload.wikimedia.org/
wikipedia/commons/e/e4/Arthurs_
seat_edinburgh.jpg
299 页图片由 Lnsplash, Adam Wilson
拍摄

■北爱尔兰

堤道海岸和峡谷

01 http://blog.sina.com.cn/s/
blog_5b246ac20101okdc.html

德里和斯特拉班

01 O'Donnell & Tuomey Architects
提供, Dennis Gilbert 拍摄
02 https://upload.wikimedia.org/
wikipedia/commons/e/e7/The_
Peace_Bridge_-_panoramio.jpg

弗马纳和奥马

01 https://upload.wikimedia.
org/wikipedia/commons/b/
b2/Strule_Arts_Centre%2C_
Omagh_%2807%29%2C_
January_2010.JPG

贝尔法斯特

01 http://www.felixohare.co.uk/
project/old-see-house-belfast/
02 https://upload.wikimedia.org/
wikipedia/commons/c/c0/Titanic_
Belfast_HDR.jpg
03 https://upload.wikimedia.org/
wikipedia/commons/c/c4/Spire_
of_Hope_%284%29_-_geograph.
org.uk_-_485082.jpg
04 http://visitbelfast.com/things-to-
do/member/mac-1#&gid=1&pid=2
05 http://www.google.
cn/maps/@50.8534037,-
0.7369541,3a,75y,115.37h,91.12t/da
ta=!3m7!1e1!3m5!1snp2ekXWlCe
Vt907yV9wrtw!2e0!6s%2F%2Fgeo0.
ggpht.com%
2Fcbk%3Fpanoid%3Dnp2ekXWlC
eVt907yV9wrtw%26output%3Dth
umbnail%26cb_client%3Dmaps_
sv.tactile.gps%26thumb%3D2%26w
%3D203%26h%3D100%26yaw%3D12
8.74803%26pitch%3D0%26thumbfov
%3D100!7i13312!8i6656

06 https://upload.wikimedia.
org/wikipedia/commons/3/31/
Transport_House_in_Belfast.jpg
07 https://upload.wikimedia.
org/wikipedia/commons/9/90/
Castle_Place%2C_Belfast%2C_
February_2011_%2804%29.JPG
08 https://upload.wikimedia.org/
wikipedia/commons/9/94/Grand_
Opera_House%2C_Belfast%2C_
October_2010_%2801%29.JPG
09 https://image.baidu.com/
search/detail?z=0&ipn=d&word=贝
尔法斯特 Lyric 剧院 &step_word=&h
s=0&pn=1&spn=0&di=1937119093
80&pi=&tn=baiduimagedetail&is=
0%2C0&istype=2&ie=utf-8&oe=utf-
8&cs=483540141%2C632922409&os
=2432809327%2C3976923300&simid
=0%2C0&adpicid=0&lpn=0&fm=&s
me=&cg=&bdtype=0&simics=1987
940319%2C3354169588&oriquery=&
objurl=http%3A%2F%2Fwww.ikuku.
cn%2Fwp-content%2Fuploads%2
Fuser%2Fu8%2FPOST%2Fp151051%
2F13751460827297-northernIreland-
velfas-lyricjuyuan-odonnelltuomey-
818x694.jpg&fromurl=ippr_
z2C%24qAzdH3FAzdH3Fooo_
z%26e3Bth7h7_z%26e3BvgAzdH3
Fr653jvpAzdH3Fg56pij6gt6jswg1-
ejsuwf-sy6tv37y7wg-515ggjssp754jy
&gsm=0&cardserver=1
10 http://www.google.cn/maps/pl
ace/671+Lisburn+Rd,+Belfast+BT9+7
GT英国/@54.5729092,-5.9592385,3a,
90y,316.21h,93.6t/data=!3m6!1e1
!3m4!1sPT73AFUXh2Vfd1wcYOXX
Qg!2e0!7i13312!8i6656!4m5!3m4!
1s0x486108980bb2cad9:0xe7f451
ca23047bc0!8m2!3d54.5730508!
4d-5.9594016

■威尔士

安格尔西岛

01 https://upload.wikimedia.
org/wikipedia/commons/8/86/

Beaumaris-Castle-0015.jpg

格温内斯

01 https://upload.wikimedia.
org/wikipedia/commons/5/5c/
Caernarfon_castle_from_the_west.jpg
02 https://upload.wikimedia.org/
wikipedia/commons/a/a5/Harlech_
Castle_3.jpg

康威

01 https://upload.wikimedia.org/
wikipedia/commons/6/66/Oriel_
Mostyn%2C_Llandudno.jpg
02 https://upload.wikimedia.org/
wikipedia/commons/c/c2/Conwy_
Walls.jpg

雷克塞姆

01 https://en.wikipedia.org/wiki/
Pontcysyllte_Aqueduct#/media/
File:Pontcysyllte_aqueduct_arp.jpg

锡尔迪金

01 http://www.google.
cn/maps/@50.8534037,-
0.7369541,3a,75y,115.37h,91.12t/
data=!3m7!1e1!3m5!1snp2ekXWl
CeVt907yV9wrtw!2e0!6s%2F%2Fg
eo0.ggpht.com%2Fcbk%3Fpanoi
d%3Dnp2ekXWlCeVt907yV9wrtw
%26output%3Dthumbnail%26cb_
client%3Dmaps_sv.tactile.gps%26t
humb%3D2%26w%3D203%26h%3D
100%26yaw%3D128.74803%26pitch
%3D0%26thumbfov%3D100!7i13312!
8i6656

斯旺西市

01 https://www.maggiescentres.
org/our-centres/maggies-swansea/
architecture-and-design/

托法恩

01 https://upload.wikimedia.org/
wikipedia/commons/0/04/Big_Pit_
Mining_Museum.jpg

卡迪夫市

01 https://upload.wikimedia.org/
wikipedia/commons/3/32/Cardiff_
Central_Library.jpg
02 https://upload.wikimedia.
org/wikipedia/commons/
f/f8/Senedd%2C_Welsh_
parliament%2C_Cardiff_Bay.jpg

纽波特市

01 https://upload.wikimedia.
org/wikipedia/commons/c/
c3/Newport_railway_station_
MMB_32_43187.jpg
02 https://upload.wikimedia.org/
wikipedia/commons/3/3e/City_
Campus%2C_Newport%2C_from_
footbridge.jpg

后记　Postscript

本书的出版得到了很多人的帮助。

首先要感谢清华大学建筑学院王辉老师的推荐，还要感谢为本书的前期资料整理付出努力的陈铭然、王子恒、闫奕戈同学，以及后期绘制了地图的闫奕戈、郝玥同学，他们帮助作者完成了大量繁复的工作。

同时还要感谢为本书提供过照片的吴慕飞、张语桐、贾晨曦、魏鸣宇、李通，摄影师 Tim Crocker，以及以下事务所：诺曼·福斯特事务所，Project Orange，Erect Architecture，Heatherwick Studio，KPF 建筑设计事务所，Jestico & Whiles，Feilden Clegg Bradley Studios，大都会建筑事务所，斯蒂文·霍尔，Jmarchitects，O'Donnell & Tuomey Architects。

作者还得到了很多朋友的帮助，在这里要感谢赵欣冉、贺梦云、罗西、罗怡晨、王昌硕、杨茜、刘悦怡、杨祎洁、梁歌、魏伯阳、于东兴，他们为本书的编写提供了非常可贵的意见。

同时，非常感谢中国建筑工业出版社刘丹编辑的辛勤付出，感谢在书籍设计上付出劳动的各位朋友。

最后要特别感谢的是两位作者的家人和好友，他们在背后为本书的出版提供了多方面的支持。

本书涉及资料庞杂，编写任务量巨大，虽已经多轮核对信息，难免有所疏漏，敬请各位读者朋友见谅。若能反馈给我们作进一步的改进，更将非常感谢。

刘伦　陈茜

2018 年 10 月

刘伦
Lun Liu

1990年生
剑桥大学土地经济系 博士
清华大学建筑学院 学士、硕士

陈茜
Xi Chen

1993年生
清华大学建筑学院 硕士
西安建筑科技大学 学士